大宅设计
HOUSE DESIGN

张清平 ——著

江苏凤凰科学技术出版社 · 南京

图书在版编目（CIP）数据

大宅设计 / 张清平著 . -- 南京：江苏凤凰科学技术出版社，2023.5（2023.12 重印）

ISBN 978-7-5713-0982-4

Ⅰ.①大… Ⅱ.①张… Ⅲ.①住宅－室内装饰设计

Ⅳ.① TU241

中国国家版本馆 CIP 数据核字 (2023) 第 055568 号

大宅设计

著　　　者	张清平
项 目 策 划	凤凰空间／刘立颖
责 任 编 辑	赵　研　刘屹立
特 约 编 辑	刘立颖

出 版 发 行	江苏凤凰科学技术出版社
出版社地址	南京市湖南路 1 号 A 楼，邮编：210009
出版社网址	http://www.pspress.cn
总 经 销	天津凤凰空间文化传媒有限公司
总经销网址	http://www.ifengspace.cn
印　　　刷	北京博海升彩色印刷有限公司

开　　　本	787 mm×1 092 mm　1 ／ 12
印　　　张	30
插　　　页	4
字　　　数	288 000
版　　　次	2023 年 5 月第 1 版
印　　　次	2023 年 12 月第 2 次印刷

标 准 书 号	ISBN 978-7-5713-0982-4
定　　　价	398.00 元（精）

图书如有印装质量问题，可随时向销售部调换（电话：022-87893668）。

心向往之 悠然生活

　　最近几年，公司的项目基本上由设计团队经手设计，我已慢慢退居幕后，但每个方案我都会亲自参与审核。我仍特别重视两件事：第一件事就是平面图，第二件事就是 3D 效果图。

　　为什么平面图如此重要？我常说，平面图的好坏决定了设计方案的最终成败，虽然平面配置图只占所有图面的 1%，但其重要性却高达 80%。平面设计要将生活场景融入设计思维中，平面图是所有空间概念设计的框架。

　　动线设计是影响居住舒适度的关键因素之一。绘制平面图时必须从居住者的生活习惯出发，缜密思考居住者与空间的关系，以及居住者在生活上的便利性。设计师要用自己的专业经验引导居住者对美好生活的想象，在构思平面图时要把回家的温馨气氛、宾客来访时的迎宾氛围这些生活情境糅合在空间设计里面，打造一个专属于居住者的生活场所。

　　绘制平面图时要把理性思维带入设计中，绝不是画一个方格、一个圆圈那么简单。在大宅设计中力求烘托大宅的空间气势。气势是张力，是设计师经验的体现，要创造与众不同的个性空间，重点是要懂得弱化空间缺点，突出原有空间的优势。要熟练运用设计手法来压缩或放大空间，利用颜色、灯光展现空间的特质。设计师要与业主在互信互重的基础上，尝试空间设计的各种可能性。

奢华细节 贵在用心

　　过往我阐述的"心奢华"当中曾提到"不达极致不称奢华"，设计的精髓永远藏在细节里，我觉得注重细节是作为室内设计师的基础条件。设计师和一般人不同的地方在于设计师更懂得什么叫细节，一个空间如果能将细节处理得很完美，自然可以打动人心，而大宅业主也能感受到你设计的细节。但有很多设计师太过于想要表现，刻意在空间铺设很多装饰细节，那这么多细节到底是好还是不好？我认为，装饰细节一定要适度。

　　设计师千万不要因设计而设计，为了表现而表现，为了突显自己的设计，拼命在空间里堆叠所谓的细节，为了表现奢华而选用稀有的材料，这样的表现不能称为奢华。生活的质感在于细微处的体验，并非外在表现的形式。即使是最普通的材质，通过用心琢磨的设计手法和工法也能呈现非凡的效果。设计师和使用者都会不断成长，所创造出来的生活也会有变化，无论如何，设计都要回归初心，以简单利落、方便使用为基础。我常说，没有设计的设计就是好设计，如果一个用心的设计却给人没有设计的感觉，那就是好设计。无为设计，少即是多，都是设计师应该要去追寻的方向。

　　所谓"心奢华"，"心"指的是用心，设计师用心，使用者用心。设计师用心做设计方案，使用者用心打理，享受设计师通过对细节的坚持所创造的空间价值，这价值指的不是金钱，而是设计过程中赋予空间的内在精神，如何通过好的设计拥有好的生活，必须是双方同时用心去思考，这才能称为"心奢华"。"心"也如同《大方广佛华严经》所说的"唯心所现，唯识所变"，不管住的是大宅还是一般房子，我认为能否拥有好的生活在于自己，只要有心，只要转念，用正向的方式去看待，就能生活得更愉快。

艺术品位 心旷神怡

室内设计和装修为空间提供实用功能和视觉美感，而艺术品位则是居住者的身份地位和学识涵养的象征，艺术品的陈设装饰为空间所带来的价值，不仅在于提高空间美学质感，更在于创造独一无二的艺术空间氛围。

艺术品和空间的关系很微妙，再好的艺术品若是没有被摆放在适当的位置，也无法突显它的气质。设计师在规划平面时就要置入艺术陈设的思考，一般设计流程是先将硬体设计完成后，再以画作填补空白处，但这样艺术品与空间往往无法相互辉映。想要将两者完美融合，必须先思考如何去叙述整个空间的故事，因此艺术品陈设必须在前端规划时一并考量。

当然，空间不见得一定要摆放艺术品才能展现它的价值，但艺术品的确有画龙点睛的效果。至于如何应用，有些业主有自己的艺术收藏嗜好，喜欢去欣赏、去品味，从艺术品中找到自己的故事和回忆，而艺术品是要让人看起来愉悦，不是让人恐惧不安的，设计师的职责就是让艺术品为空间加分而不是减分。我常说"生活即艺术，艺术即生活"，有时候换个角度思考，不必拘泥于艺术品实质上的形式，而将"艺术即生活"的概念融入空间去思考。

对于一个极简而没有任何艺术品陈设的空间，在空间运用光影折射出的灯光氛围也是一种艺术；家具只要挑选得宜，运用得当，让它和空间产生感动人心的关系，也可以成为空间艺术；或者满足五感知觉加入音乐及嗅觉艺术，置入香氛设计、增添植物的自然气息也都是不同艺术层面的展现。而空间最重要的"人"也是空间里的流动艺术，设计师的设计要让居住者的气质与空间相得益彰，将人与人、人与空间之间的关系做一个整合。这就是我们所讲的"生活即艺术，艺术即生活"的概念，也是展现空间艺术的最高境界。

目录

○ 第三部分　陈设艺术

第一部分

平面配置

第 1 章

大宅设计的条件

成为大宅之
必要条件

放眼全球凡是能称为"大宅"的房子，必定能满足高消费群体与众不同的居住需求。大宅的主人能有如此傲人的成就，与他们在商界、生活、人际方面的丰富阅历分不开。对于居住的条件自然有他们独特的需求。现今的大宅业主不再像以前一样追求富丽堂皇的外表，而是更关注环境氛围与设计细节。他们对于居住的地段环境、设计规划、物业管理等都有更高的要求，这也是大宅设计的必要条件。

绿意环境，精华地段汇聚人气

亲近自然是人的本能，身处在充满绿色植物的环境中，既能让人放松身心，也能确保隐私和安全。对于繁忙的大宅业主来说，拥有广阔满足绿意的窗景，无疑是选择住宅的基本条件之一。除了绝佳的景观之外还要有相当便利的交通。因为时间对于他们来说如同金钱一样重要，所以，大宅一般位于移动效率高的路线上。大宅大多集中在市区内大型绿带周围，而这样的位置容易汇集人气，并形成不错的居住氛围。

名家作品，彰显生活品质

地段环境再好，如果建筑、室内及景观等硬件设施没有设计好，一切也等于零。因此，在设计大宅时要将眼光放长远，不要追求所谓的风格化或者流行性。因为，当房子经过时间的洗礼后依然能打动人心，那才是一个保值的好设计。

或许有人会问，名家设计是选择大宅的必要条件吗？普通的服饰虽然有些也很好，但为什么有些人还是喜欢用名牌去突显个人的格调和品位呢？那是因为名牌之所以能成为名牌势必有其与众不同的地方，名牌的设计师对于物件的思考层面比一般人更为宽广，考虑的细节更加深入严谨。服装设计与室内设计、建筑设计有相通之处，名家设计的房子可以展现设计师的态度和其坚持的品质，对业主来说选择名家设计的房子，体现了他们对设计理念和品质保障的认同。

物业管理，软硬件搭配满足高规格需求

物业管理的品质是评估大宅未来价值成长性不可或缺的条件，因此维持较高的物业管理水平，能保证其长远的增值。如果没有完备的物业服务，五年甚至三年之后房子就会失去原有的风采，就丧失了大宅居住的意义。大宅社区大多提供周全而完善的公共设施供住户使用，物业管理公司要能配合硬件设施提供良好的自主管理服务，以满足业主餐饮、宴客、会议等特殊需求，要让客人体会到宾至如归的感觉，也要让主人倍感安心与体面。

以人为本，营造和睦空间让居有所值

人是"大宅设计"的重要条件，无论房子多昂贵或多稀有，都需要人去赋予它价值，只有人与硬件之间互动才能有家的温度。家人之间的关系是可以通过设计提升的，每个人都有不同的个性和喜好。有人以家庭为主，喜欢小孩，那么可营造温馨热闹的家庭氛围；有人觉得每个人都要有自我的时间规划，不希望作息被干扰，这就需要创造独立的空间。大宅要通过设计创造出可以满足家人不同的情绪需求而灵活使用的空间，才能达到人与人和睦相处的目的。

大宅设计之
必需条件

常有人问我"大宅"和"好宅"有什么不同？我认为，"大宅"空间一定要大，还要有细节，而"好宅"不一定空间大或者有标准化的细节，但一定要从居住者的角度出发进行设计、设想，进而由居者去"养"成它，当人住进空间时能感受到安全舒适和与心灵的契合，这就是好宅的基本条件。而所谓舒适涉及空间比例、光线引导、行走动线，我认为家人之间的互动和居住趣味同样非常重要。

光之居所，引光造影映照空间画布

绝大多数人都希望居住空间能有舒服的阳光洒进来，给明亮的空间带来活力和朝气的氛围。无论是规划建筑还是进行室内设计，设计师都希望利用光营造空间氛围，运用设计手法让透进来的日光来创造空间的明暗层次，同时体现空间质感。从日照和建筑朝向的关系来看，朝南的房子拥有充足的光线，在设计中，可搭配遮光或半遮光的硬装或软装，使空间不只有光照还多了线条的装饰，可以展现空间多样的表情与氛围。

把握尺寸，聚合家庭情感促进交流

宽敞的空间可以让客人感受到主人的个性和风范。有些业主交际圈广，平时喜欢在家接待朋友，偏好宽敞大气的客厅；有的业主喜欢多花时间和家人共处相聚，起居室被设计得较为宽敞舒适；而有些业主注重个人生活，卧室规划得比较大，公共空间的面积适度。但从长久的经验来看，如果将大宅卧室规划得过于完善，不仅有书房、工作室、卫浴，还配备电视、音响等应有尽有，那么会让家中的孩子只喜欢躲在房间里，减少其与家人之间的互动。通过大宅空间配置可以提升家人之间的情感凝聚性，因此一名好的设计师要通过设计去引导业主生活，并给予适当的空间建议，以便为业主创造出更融洽的家庭关系。

间歇动线，在动静间感受尊荣空间的仪式感

空间动线设计是增强居住舒适度的关键，它影响着人的移动与停顿。空间动线一般依照居住的形态规划，但对空间足够大的大宅来说，大面积的空间要利用动线设计去引导空间的使用者，在空间与空间之间创造出神秘感、仪式感、层次感。避免一敞开大门就直接看到主要空间，影响家人的隐私和互动，创造间歇性的动线让人在空间行走时感觉有渐进式的层次，也带给人大气尊荣的仪式感。

居之乐趣，打破空间框架赋予生活想象

创造大宅空间的乐趣性是很重要的，不能只是机械地去切割空间，而要让空间多一点穿透的想象，跳出原本的功能框架，让书房不只是书房，厨房不只是厨房，这样才能在生活上创造更多的乐趣。面对大面积的大宅空间，不要将每个区域都设计得很大，因为那样无法展现空间气势。要巧妙地利用反差的设计手法，以创造出不同的空间视野。通过牺牲一点空间、压低部分天花板高度或者是缩减廊道等设计方法，创造进入另一个空间的想象；通过改变一个较小的空间，达到自然而然地放大另一个空间的视觉效果，这样更能体现空间的优势。居住者也能在这样的空间转换中，体验悠游空间的更多可能性。

生命力，习惯喜好养成空间品位

当一间大宅的硬装完成后，就要通过软装赋予空间无限的生命力。根据居住者的习惯喜好，在空间中装饰对居者有意义的东西，比如旅行带回来的收藏品、心仪艺术家的作品、成长中的记录等，也可以通过家人、亲友与空间的互动创造回忆，在每一次交流中慢慢累积，注入情感，打造出独一无二的"大宅设计"。

第 2 章

平面配置决定生活方式

三大业主人群

高端大宅也需要人去赋予其意义才有价值，大宅设计应以人为本，让使用者在居住的过程之中感受到舒适性、方便性、安全性和趣味性。无论是硬装还是软装，都必须贴心地从居住成员的角度去思考。一个家庭大多由小孩、青壮年、老年人组成，不同年龄层的人其生活习惯也不同，空间的设计和配置必须根据不同的居住成员来规划适当的功能。

从现今业主的居住生活形态来看，大致可以分成三个时期——年轻人刚刚成立新家庭的"青年宅"时期，事业有成的"壮年宅"时期以及享受退休人生的"老年宅"时期，这三个时期的空间形态随着家庭成员年龄的变化形成一个循环。 海外留学归国的年轻人对空间设计的需求大部分比较个性化，同时，空间设计必须预留弹性空间以应对其子女每个阶段的需求。而正值事业巅峰的业主居住的"壮年宅"，则要平衡三代同堂时，空间之间的独立与相交。为退休业主规划的"老年宅"，除了满足环境安全、照顾生活的基本功能之外，最重要的是满足他们心灵层次的需求。因为对他们而言，在卸下肩上的责任后，家不只是居所，更是自我实现的空间。

"青年宅"——新世代小家庭的教养空间

年轻的大宅业主喜好非常广泛，并且追求个性化的空间设计。他们正处于拓展人脉、开创事业的重要阶段，因此比较希望把空间展示出来，空间配置要有社交联谊的功能，可以接待一些商务上的朋友或者举办派对活动，同时也要有可以在家工作的弹性使用空间。这个群体的业主大部分有照顾小孩的需求，空间设计还要考量孩子们的生活场景，根据不同的年龄需要配置育婴房、儿童房、学习房及游戏房等。由于小孩在不断成长，因此在空间配置上必须思考到未来的可变性，原则上这个变化不会持续太长时间，一般装修设计需考量 5 ~ 10 年，一定要根据当时居住者的状态设计。当空间以孩子的生活为主时必需考虑安全性，在他们专属的空间里不要有任何棱角。很多设计师会从自己的角度出发，加入很多个人喜好的设计，这不见得符合每个孩子的需求。另外固定的设计无法应对他们未来成长的需求，由于每个孩子的个性不同，他们的喜好会随着年龄改变，所以，在孩子的空间里，应该要有更多的弹性设计。

"壮年宅"——家庭亲子关系的建立空间

一般壮年的大宅业主大多是青年时期创业有成者，这类人因环境背景和心境的不同，对空间的期待也有所差异。有的从小生活在较优越的环境中，对于空间的喜好偏向于自身从小养成的特定气质；而有的自行创业者是经历过商界的摸爬滚打考验后才获得现在的成就的，会有回馈自己和家人的心态，偏好于外显与较具感染力的布局。"壮年宅"的空间的设计除了要考虑业主与父母的关系之外，还要考虑业主与孩子之间的关系。由于老年人有老年人的习惯，小孩有小孩的喜好，还有业主自己的需求，所有年龄层的居住需求和生活习惯都须考虑，因此家庭成员是决定空间平面配置的关键。譬如，老年人有看书的习惯，有泡茶聊天的兴趣，有想要与儿孙互动的期待等，这些细节都需要对应到空间中去思考。相较于青年业主，壮年业主对外社交的频率降低，空间设计逐渐偏向于满足自己的兴趣喜好，因此男主人与女主人要有各自独立的活动空间，也要有在一起的共用空间。另外，虽然这时期的大宅业主社交活动的对象大多以至亲好友为主，但仍需要规划专属的社交联谊区域以应对各种社交活动。

"老年宅"——渴望自我实现的兴趣居所

　　大宅的老年业主，在纵横商场后积累了丰厚的人生智慧和经验，但随着身体机能的退化，反应能力和行动速度都不如青壮年时期，因此"老年宅"的室内设计就要优先从生理状态去思考空间功能，考虑安全性、方便性以及简单的无障碍设施，比如过道的宽度、卧室的大小、轮椅回转的空间、厕所位置的配置以及无门槛设计等，这些都需认真思考。无障碍设施的设计要不着痕迹地安排于空间之中，这样既表示对长辈的尊重，也是大宅精致设计的体现。有些老年业主喜欢热闹的感觉，比起到外面参加社交活动，他们更喜爱邀请同龄好友们到家里品茶、欢唱，因此社交空间的面积要大，设施要能满足业主的需求，卧室的面积适度即可，只需考虑起床活动的便利性。老年时期的夫妻进入自我实现的阶段，希望自己的兴趣爱好能在空间里得到展现，不再处处迁就彼此的生活习惯，空间设计要确保各自生活的自主性，但也要考虑彼此的相互照应，感受彼此的陪伴，因此大面积的老年宅要能创造视线上的穿透与交集。

常见大宅格局

只有对不同房型做细致而完善的规划，才能创造出真正的高端住宅。打造以人为本的"大宅设计"，不但要从居住成员的需求出发切割空间，更要根据不同房型设计空间格局。如何让房型的优势最大化，产生空间价值，如何弱化缺点，或将其转换成为空间趣味区域，这当中的进退转折，无疑是一门空间设计的艺术。这里提出方形、长条形、U形、L形、回字形及复式6种常见大宅房型，它们与3种业主居住生活形态组合出18种平面方案，从横向到纵向给予具有逻辑性的大宅配置观点。在进行平面配置时，如果建筑为梁柱结构，虽然空间配置的自由度较高，但必需考虑梁柱的位置，在进行立面和天花板的设计时，需将梁柱纳入思考范围；如果为板墙结构，由于无法任意拆除隔墙，进行平面配置时难免较为受限。即便如此，仍必须谨守大原则进行设计，只有这样才能突显出各式大宅房型的尊贵和大气。

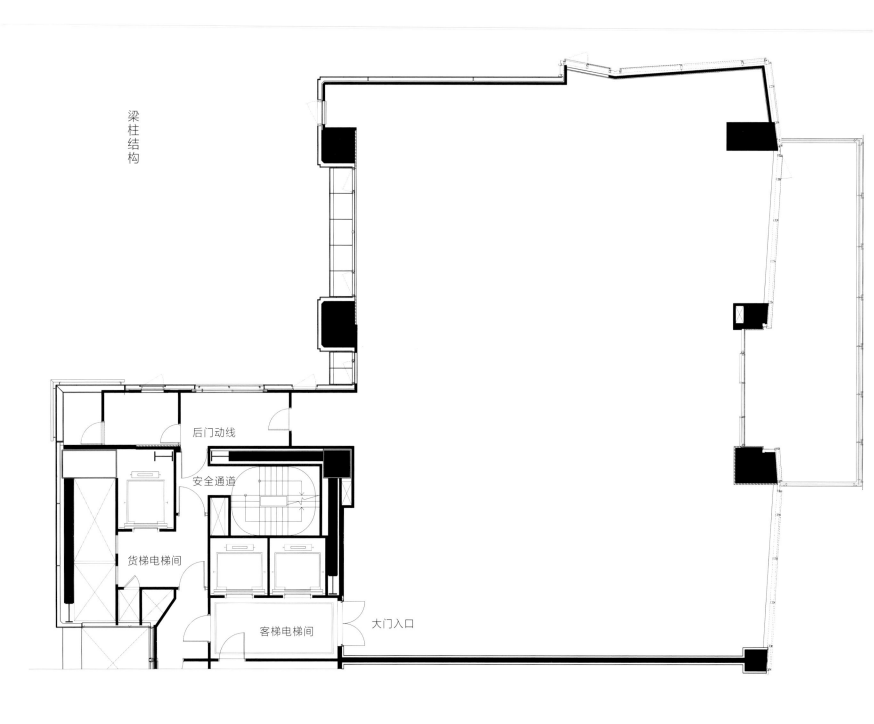

梁柱结构

后门动线

安全通道

货梯电梯间

客梯电梯间

大门入口

方形格局

优点	分形同气	缩短移动路线，设计等距离动线。
缺点	进退无依	四边距离相等，空间和光线都受到限制。
破解	引光展景	把餐区放置在中心，利用开放式设计手法使光影联结。

板墙结构

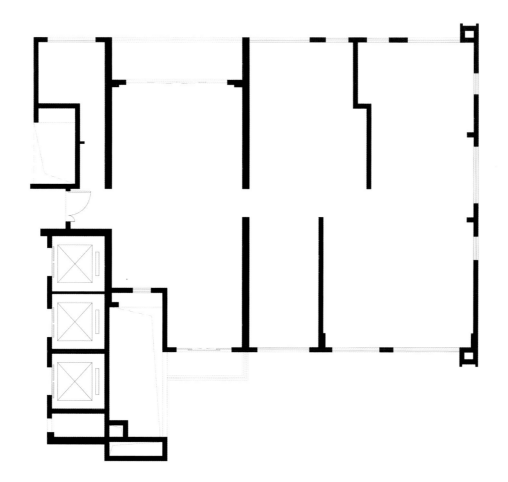

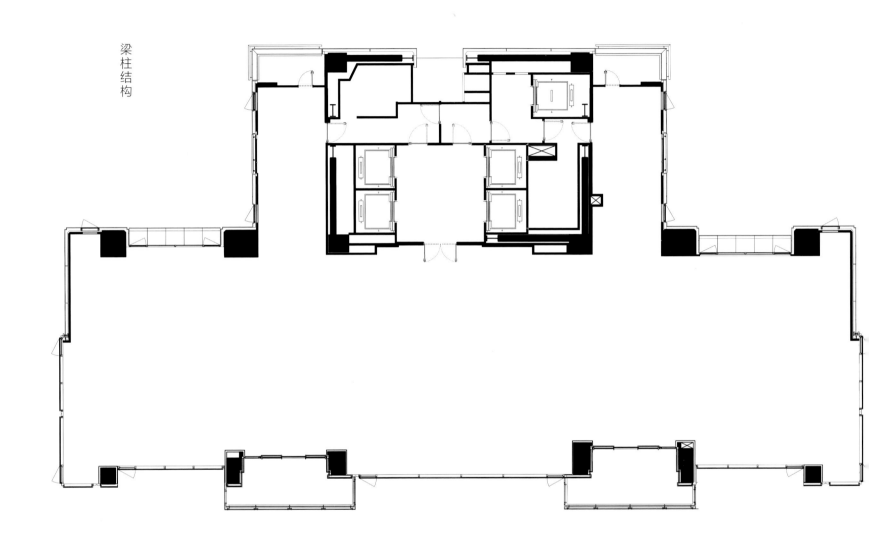

梁柱结构

长条形格局

优点	井然有序	左右对称房型，易于进行区域划分。
缺点	日远日疏	动线过长，前端与后端相距过远。
破解	顺势而动	采用多进式设计，提高空间的尊贵感。

板墙结构

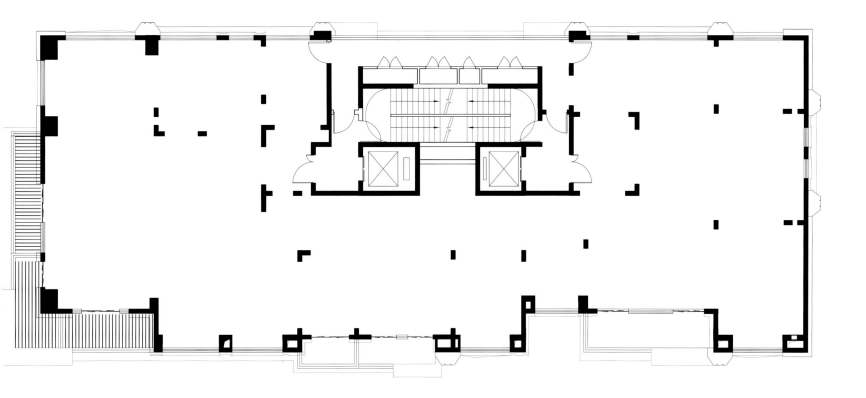

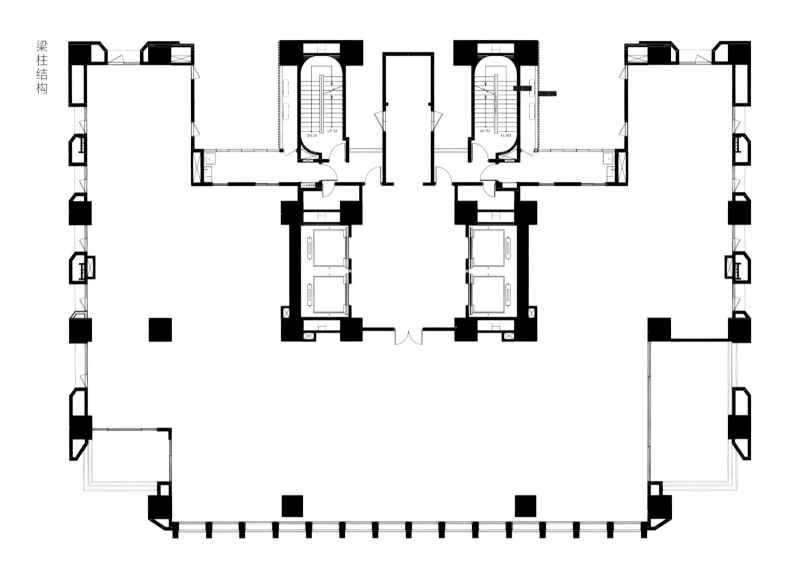

梁柱结构

U 形格局

优点 层次交织

缺点 虚实难守

破解 进退有度

三面通风，采光良好，通透的房型更有纵深感。

左右对称的结构使公共空间与私密空间不易分开。

环绕式空间规划让主人可以回避客人，自由出入。

板墙结构

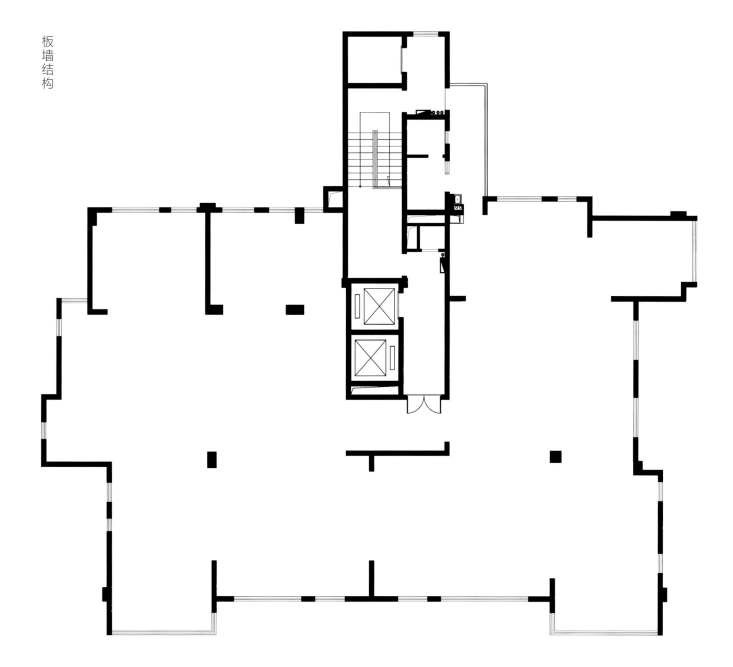

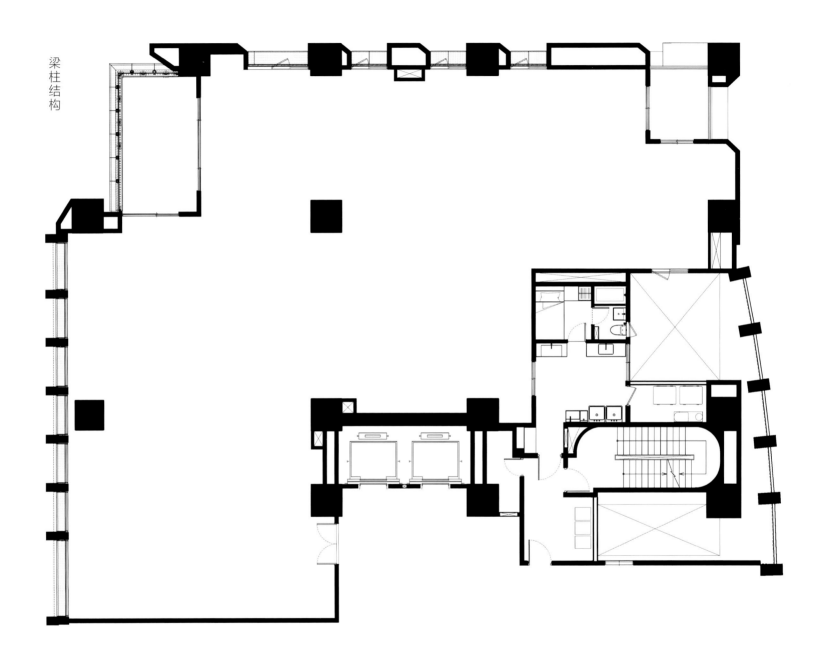

梁柱结构

L 形格局

优点	层层推进	渐进式的空间动线，使公共空间与私密空间独立分开。
缺点	权宜取舍	拉开转折的距离，动线空间会有损耗。
破解	以一持万	对过道进行设计，增添实用功能。

板
墙
结
构

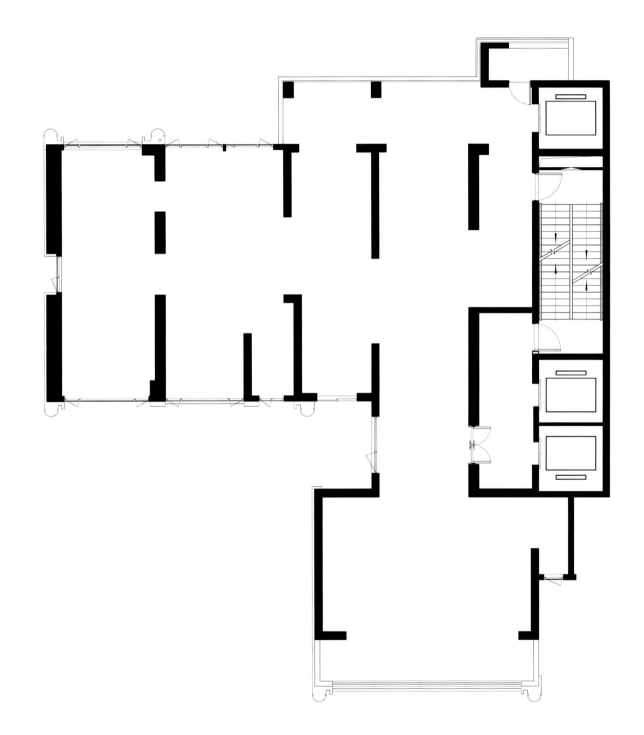

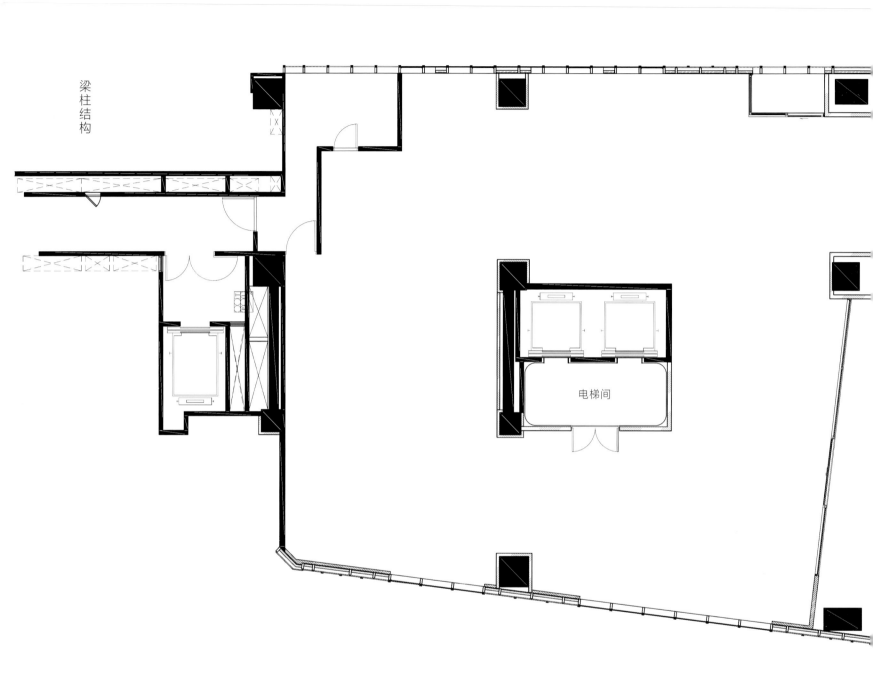

梁柱结构

电梯间

回字形格局

优点	**内外呼应**	空间相互呼应，动线高效顺畅。
缺点	**维度难展**	难以按需配置空间大小。
破解	**转折循序**	无需过多形式，轻易区分公共空间与私密空间。

板
墙
结
构

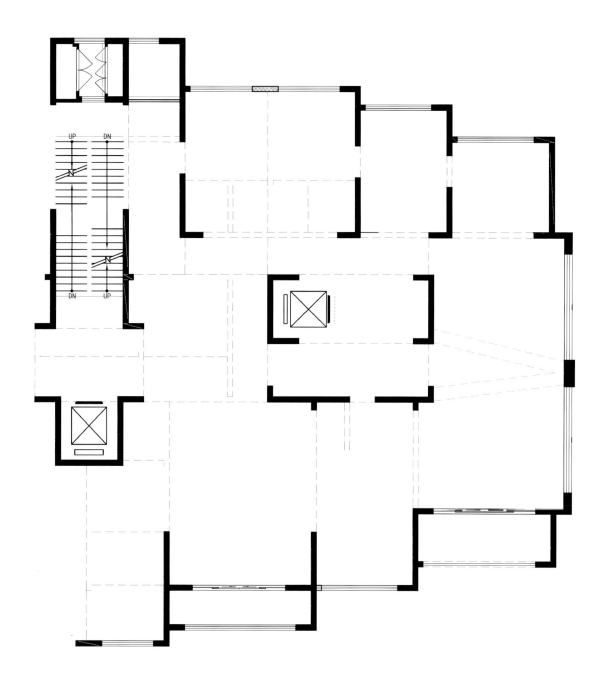

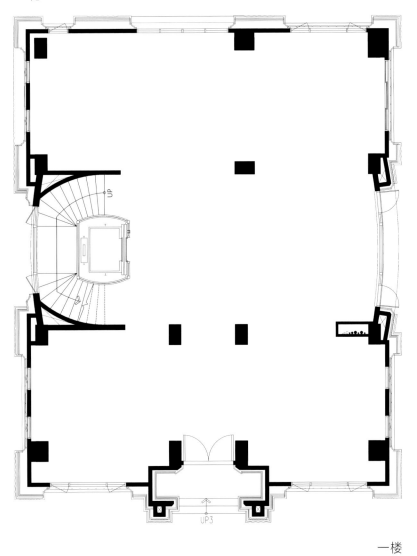

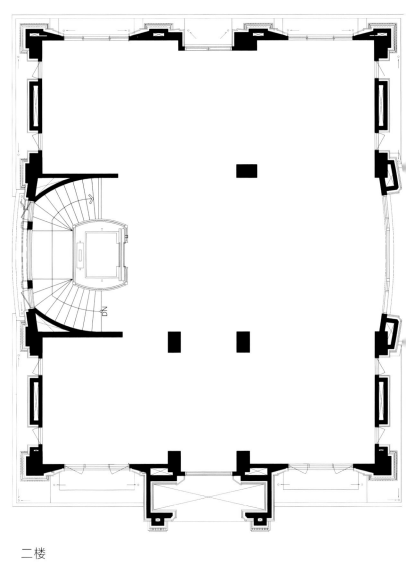

一楼　　二楼

梁柱结构

复式格局

优点	悠然自适	独立楼层，不受干扰隐秘自在。
缺点	枉费空间	楼梯上下贯连，过廊位置闲置浪费。
破解	相映成趣	利用过渡空间，艺术画作增添品位。

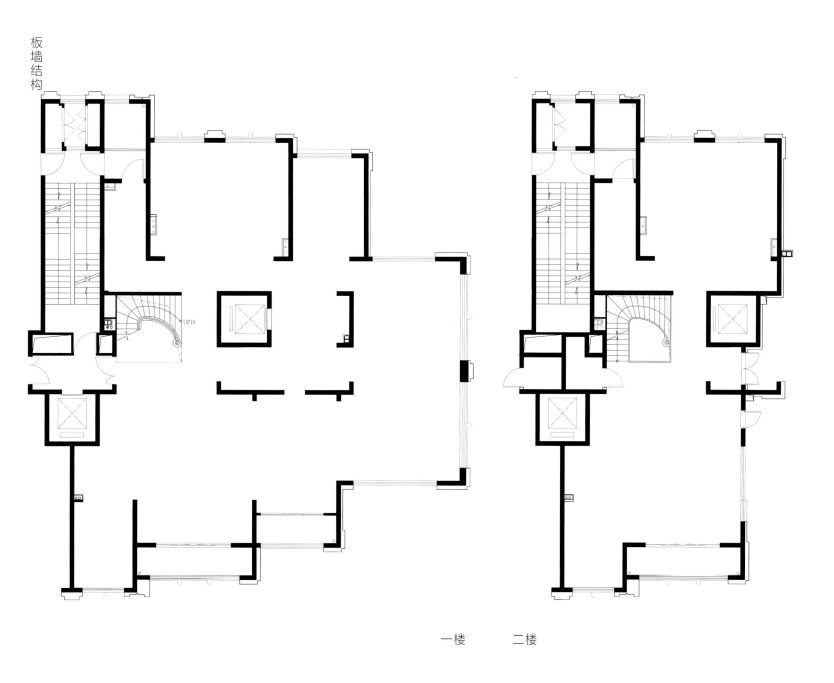

板墙结构

UP19

一楼　　二楼

公共空间
平面配置关键

　　公共空间包含玄关、客厅、餐厅及厨房空间，公共空间大部分是家人及客人来访时共同使用的空间，大宅的公共空间设计要考虑得更为细致。早期大宅业主会通过富丽堂皇的室内设计向亲朋好友展示自己的富足，现代大宅业主则会更关注自己和家人居住的隐私性以及生活的舒适度。然而大部分的大宅业主仍有对外社交联谊的需求，公共空间需突显出业主对生活实用价值和空间大小的追求。从入口玄关开始就要让访客有被尊重的感觉，而客餐厅则依男女主人的需求及习惯规划，男主人大部分时间会在客厅谈事聚会，女主人则喜欢在餐厅聊天下厨，但彼此间仍能进行交流。近几年厨具厂商将厨房规格不断提升，中西厨分离的双厨设计已是标配，然而现代高端人群更注重养生，优秀的大宅设计师应该将正确的饮食观念带入厨房。不应将空间拘泥在中西式厨房该如何设计。

以客为尊，贴心至上。宾至如归是现代大宅给予访客的尊贵体验，设计上要从客人的角度思考，给予访客无微不至的照顾。

超越空间，拓宽视野。大宅的公共空间是业主对外彰显身份气度的社交空间，主空间要能与外在环境相呼应，要营造超越空间大小的宽敞感。

互敬互重，提升交流质量。大宅业主待客讲究宾主尽欢，空间配置上要留意宾客与主人之间的交流互动，并增添令人感觉愉悦有趣的艺术品提升空间的趣味性。

玄关空间
平面配置关键

营造氛围，情绪转换。在玄关营造出家的氛围相当重要，从踏入家门的那一刻就要给业主舒适、放松的归属感。让主人一进入家中就能产生稳定感、放松感与安全感。

讲究功能，细化收纳。衣帽间和礼品室是玄关的两个重要空间，气候比较潮湿的地区，建议将鞋柜区从衣帽间独立出来，另外规划独立的排风系统，并增加地暖设计让鞋子能更好地除湿。收纳鞋子，摆放皮包、外套与外出用具等，都要逐一演练并规划出流畅、合理的收纳顺序。礼品室也是不可或缺的空间，将其设计在入口玄关处，方便业主接待、送客时收礼和回礼。

客卫规划，主客并重。在玄关旁边配置客用卫浴间是大宅的必备设计，方便访客整理衣冠，也是主人细腻贴心的体现。客用卫浴间必须是隐蔽的空间，这样可以避免异味，也可以减少客人使用时的尴尬。

客厅空间
平面配置关键

公私空间，进退得宜。大宅客厅是社交的空间，需要特别关注公共空间和私人空间的关系。在设计时，可以运用迂回的设计手法保持空间的开放性，采取适当的隔声设计可以避免聚会聊天时，干扰其他家人的生活。

撷取回忆，引申话题。优秀的大宅设计师一定要在客厅中加入趣味性的设计，把业主更多有意义的回忆转化成装点客厅的元素，这样不但能展现业主的个人品位，还可以增加业主与宾客之间的互动性。

延展空间，展现气势。开阔的景观是高端大宅的必备条件，客厅要设置在采光及视野最好的位置，利用挑高和开放式的设计，在水平及垂直轴线上延展空间，充分展现客厅的气势。

餐厅空间
平面配置关键

　　细化功能，高度整合。公共空间的厨房、餐厅必须呼应大宅的气势，为讲究健康饮食的大宅业主进行厨房功能的细化，以满足他们独特的个人需求，这就要求收纳柜体、电器设备与智能设施在配置时完美整合，以展现空间的整体感和一致性。

　　创造舞台，兼顾互动。厨房、餐厅是讲究生活品位的大宅业主展现厨艺的舞台，设计规划上要创造主人和客人可以互动的空间，炉台与餐厅之间可用中岛作为距离缓冲，这样的设计同时还可提升客人和亲友下厨的参与感。

　　主从关系，进退自如。开放式设计使餐厅和厨房成为社交空间的一部分，两者之间的主从关系要依照主人的生活习惯来配比，有烹饪兴趣的业主自然以厨房为主空间，若是保姆操持三餐的大宅家庭，则要着重营造餐厅的环境氛围。

私人空间
平面配置关键

公共空间与私人空间的定义，主要是看业主如何看待自己的生活区域，除了卧室之外，书房、起居空间、娱乐空间、收藏空间可以是私人空间，也可以是公共空间；很多大宅业主喜欢把客人带到书房里，从突显他的书卷气息。一般娱乐空间设立在离客厅、餐厅比较近的位置，当客人用餐完毕之后可以就近开展一些休闲娱乐活动。然而，年轻的业主重视居住隐私，书房、客厅、娱乐及收藏空间对于他们来说是很私密的场所。因此在规划大宅之前一定要与业主讨论清楚空间的使用目的，以便让私密空间真正贴近并契合业主独一无二的居住需求。 一般业主会将光线与视野最好的位置用作客厅和主卧室，所有空间都有采光和景观是高端大宅的必要条件，大宅主卧一定要有大开窗，因此规划时要留意位置和环境，以保证睡眠环境和隐私性。有的业主因为财力丰富，使他们能进行高价值品的收藏，这些东西可能是名表、名画或者各种独特的艺术品，在规划这些空间时，一定要比他们思考得更远、更周详，空间的湿度、温度、灯光都很重要，这些不是室内设计师的专业范畴，但如何与各空间的专家相互配合，衔接好每个环节，是室内设计师必须精进的基本功。

家人为重，凝聚情感。私人空间设计要设身处地地思考每一位家庭成员的生活细节，要让业主能感受到符合年龄、使用习惯的体贴设计。

　　不只最好，追求唯一。依照需求量身定制是设计私人空间的不二法则，脱离既定的空间框架，打造超越业主想象的空间。

　　五感体验，强化触感。设计最贴近生活的私人空间时要满足五感条件，选择寝居空间的软装产品时要重点关注产品带给人的触觉体验。

主卧空间
平面配置关键

空间比例，过犹不及。大宅的主卧空间比例很重要，过大显得空旷没有安全感，空间面积适当能让人睡得安稳舒适，若是有配置电视的需求，应预留出适当的距离。

体现风格，营造氛围。私密的主卧空间更能体现大宅业主的风格需求，有人喜欢温柔浪漫的风格，有人喜欢雅皮时尚的风格，设计时要减去过于烦琐的装饰，以营造有利于睡眠的宁静氛围。

床铺配置，尺寸适度。主卧配置的睡床以特大号双人床或大号双人床为主，两者长度相同，仅宽度有区别，选择时可以依据空间大小或使用者身形来决定。对于特别注重睡眠质量的业主，可配置不相互干扰的双床。

起居空间
平面配置关键

满足需求，家庭和睦。大宅的起居空间是家人欣赏影音、聚会聊天的地方，规划时要先了解家庭成员的数量，进而安排空间和位置，使每位成员都能尽情享受与家人同乐的感觉。

合理规划，便利使用。起居空间放置物品以共同使用为多，像电视音响、游戏设备、杂志等，位置以取用及归位方便为原则来规划，使家中成员都容易取用。

惬意气氛，增进和谐。可利用智能控制来满足空间的各种使用情境。阅读时空间明亮舒适，影音娱乐时空间氛围让人感觉安定放松。创造让家人轻松自在的生活互动情境，拉近彼此之间的距离。

更衣空间
平面配置关键

　　设计引导，理想动线。更衣空间要与卫浴空间规划在同一条动线上，方便在沐浴之后，直接进入衣帽间换装着衣。更衣空间要设计在有自然光源的位置，这样在挑选、搭配衣物时可以减少色差。

　　逻辑分类，井然有序。设计大宅更衣间除了区分男女空间之外，规划之前务必与业主讨论衣物分类，譬如正装礼服区、休闲服装区、运动服装区等，以及各自所占的比例，让衣物收纳一目了然。

　　收纳细化，注重流程。大宅的更衣空间必须兼具实用性和展示性，设计柜体细节时要将收纳极致细化，并按照穿衣流程由内而外设计，这样穿搭衣服时才能顺手流畅。

书房、收藏空间
平面配置关键

专属奢华，全屋定制。大宅业主的收藏皆为精心之选，对于空间的规格绝不能马虎，收藏空间必须根据业主喜好及物件量身定制，并且需具备完美的展示性和功能性。

学有专精，整合专业。收藏空间依照陈列配置独立的环境控制设备，湿度、温度、灯光皆需依专业等级规格来配置，不能有所偏差，一位优秀的大宅设计师必定要全部了解后，在各层面做出最合适的整合。

精心打造，藏书宝阁。书房除了是阅读空间之外一般也有藏书功能，因此书房设计要特别注重书架的质感，设计之前要汇整书籍、测量尺寸、订制书套，要让空间能衬托出业主的气质与品位。

过渡空间
平面配置关键

　　过渡空间是联结公共空间和私人空间的一个次要空间，以走道空间和转角空间为主，也属于共用空间，它扮演着缓冲带的角色。高端大宅过渡空间比一般住宅大，一般的空间廊道宽大多在 1 ~ 1.2 米，大宅廊道宽则达 2 米以上。很多过渡空间很乏味，然而它又是从一个空间到另一个空间必然经过的地方，因此如何创造廊道的变化是大宅设计师重要的课题。 一般在处理过渡空间时，会用一种"收"的手法来创造进入另一个空间时"放"的感觉，较长的过渡廊道可以用具有仪式感的设计创造空间张力，或者用艺术廊道的概念来诠释，如在廊道底端放置端景桌，并搭配名品画作，或将过渡空间当作一个艺术收藏品的展示区域，并借由廊道的设计将其作为空间情绪转换的地方。在凹凸转角处置入装置艺术，制造感官上的互动，让使用者经过偌大空间的转角时会心一笑，赋予空间灵动的生命力。

独特造景，趣味转折。设计师要发挥创意提高过渡空间的趣味性，通过巧妙的安排，使公共空间保持开放，私人空间有一定的私密性，同时过渡空间也要有耐人寻味的故事性。

　　渐进层次，呼应礼序。在主要空间的环境和功能上展现居住品质，过渡空间通过对称、阵列等设计手法，制造空间的秩序关系，体现大宅风范和仪式感。

　　形随身心，一隅见景。在过渡空间中，利用设计手法将艺术品或展示或收藏于天、地、壁中，让空间与艺术品产生对话，营造出一隅空间，直击人心。

走道空间
平面配置关键

  规则布局，层层推进。大宅廊道深长，可运用拱门设计创造出仪式感，在有层次的灯光投射辅助下，可形成无限延伸的亮丽景深效果。

  制造主题，衬托空间。将走道空间当作展示收藏区域来规划，赋予走道空间故事性或主题性，注入图书馆、美术馆的概念，布置艺术画作增添廊道丰富度，弱化走道空间的配角身份。

  迂回手法，公私分明。大宅客厅与书房、卧室之间有一点距离，以增加私人空间的隐秘性。要避免在公共空间看到卧室房门，巧妙安排迂回廊道，让业主在保持公共空间开放性的同时保护私人空间的隐私性。

转角空间
平面配置关键

　　东线中转，点缀风景。转角可视为偌大空间之中的中转站，可以休憩点的概念配置，摆一把椅子、放一盏立灯营造一个简单的阅读角落，使其成为空间迷人的转折处。

　　大胆创意，塑造亮点。运用蒙太奇的手法创造转角空间的变化，给空间置入不同的叙述场景或故事，如植物生态墙或装置艺术品，设计师要运用创意转换空间趣味。

　　美感收纳，兼备功能。配合不同区域赋予转角空间不同的功能性，适度地安排具有美感的公共收纳处，让艺术品收纳兼具局部展示功能。

大宅平面
配置技法

平面图决定空间的生命力，甚至决定了空间设计成败的 60%，而不同的空间大小对应不同的空间规划方法。较小的空间适合用"沿壁式"手法规划，这样可以节省空间；较大空间适合用"切割式"手法规划。由于平面配置受建筑条件及方式影响很大，因此在进行配置时，必需特别注意。在为大宅空间配置平面时，可以用一种脱离制式思考框架的"非"设计，即否定既定设计的思维。现代人生活都太制式化，几乎所有住宅进去玄关就是摆鞋子，在客厅就是坐着看电视，在餐厅就是坐着吃饭，无论大宅还是一般住宅都是如此，那太无趣了。对一些拥有多间房子的大宅业主来说，一般制式空间很无趣，而"非"设计，能为他们创造出打破原有思维的趣味空间。"非"设计就是推翻所有的东西，客厅不只是客厅，厨房不只是厨房，卫生间不只是卫生间，在符合生活功能和需求的原则之下，打破既定的空间设计思维，用不同的方式来表达诠释空间情调，这样在其中生活才会感到有趣。在设计大宅时必须要掌握"隐""气""转""动""进"几个关键字。

隐介藏形，进退裕如自在安居

"隐"不外乎是谈论大宅的私密性，对身价不凡的大宅业主来说个人和居家隐私更为重要。从现代极简的设计趋势来看，虽然整体空间设计倾向于开放形态，但开放的格局里也必须根据生活需求纳入私人空间，以确保居家生活的安全和自在。因此在做空间规划的时候，玄关处除了要营造回家的温馨感，也要创造界定内外的层次感。尤其在设计公共空间时，要特别留意给来访客人使用的卫生间的位置，如果能够以设计手法适度地将它隐藏起来，那么既可以让客人方便使用，又不会使其进入时觉得尴尬。虽然客用卫生间只是一个小空间，但体现了主人对礼节的讲究和对客人的尊重。

进入大宅后，接待客人的公共空间是大宅最大的必要空间，现代住宅为了提高空间的使用率，大部分住宅一进空间便是餐厅，将采光较好的区域留给客厅，再根据空间的状态将起居室及卧室等私密空间配置在较里层的位置，然后是更为私密的生活空间，像淋浴室、衣帽间或者健身室都被设计得与公共空间保持一定距离，但理想的设计是空间之间相互联结、互动，也可以不着痕迹地隐藏。

另外就是大宅业主的个人收藏隐私，每个人都希望有独立空间满足自己的爱好，通过珍藏享受独一无二的故事回忆，因此这个空间也必须特别针对个人及物件去设计，创造一个私人空间。

气宇非凡，仪式感表现顶奢气质

"气势"是通过设计来突显大宅的霸气感；"气场"是一种空间能量感。

想要表现大宅的气势需要在与业主讨论需求的同时，进一步地认识、理解他们。比如：个性比较张扬的业主喜欢仪式感，那么就在设计中使用对称、阵列的方法营造有仪式感的氛围。来访的客人通过一层层空间才能见到主人，在这样的过程中，可以达到震撼人心的效果。"笔直"和"迂回"的设计手法也能创造仪式感，从入口到空间底端的笔直路径，具有如康庄大道般的气势，而迂回路径则是慢慢展开，在环境转变的过程中营造仪式感。此外，通过颜色的明暗反差也能呈现大宅锐不可当的气势。

转折有序，拉长动线释放空间

常用来论述文章章法架构的"起、承、转、合"同样可以套用在空间设计上，其中"转"指的是营造空间的趣味，通过运用不同的设计手法使人产生不同的空间感受。人对于空间大小的感受很奇妙，当走进一个开阔全然无隔墙的空间时，因为能一眼看穿，所以会局限我们对空间的想象，而运用"迂回"等设计手法制造转折路径，可拉长人在空间穿梭行走的时间，进而使人产生大空间的错觉。

空间不一定用墙去区隔才叫隔间，也可以通过用"类墙"的结构或家具去做转折而创造出空间的趣味感，像是书柜、屏风或者艺术品甚至是植物，都可以作为两个空间之间的转折，让人在过渡空间停留、驻足。这样不但能增加空间的趣味，还可以让人产生一定的想象，进而创造大空间的错觉。

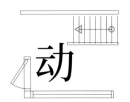

动静流转，转换之间如行云流水

动线是我们为空间刻意规划出来的一个引导性的路径，它除了规划行走路线之外，还要让空间产生流动感。动线分很多种，无论是"功能性"动线还是"趣味性"或者"艺术性"的动线，都要事先和业主做好沟通再规划。一般来说在沟通当中业主通常只能提供功能性的动线需求，设计师要负责创造出动线的趣味性与艺术性，甚至从中挖掘出具有"未来性"的动线，这些都是在基础动线之外设计师赋予空间的价值。

那么，何谓动线的"艺术性"？就是改变空间之后，营造出了超乎业主想象的空间氛围。通过设计让室内的光影创造出另一种空间的灵动感，或者借由艺术品或材质等设计手法创造出更多的层次变化，让居住者从不同角度观看同一个地方时产生不同的感受。

 进

进转自如，穿行之间彰显气度

"进""转""动"都是相关的，这是一个进入空间的过程，居住者可以在这个过程当中学习，回家后可以通过这个过程舒缓压力，或者经由这个过程转换情绪，放下烦恼，这就是最高层次的设计。中国传统建筑美学将园林布局于进落之间彰显，这是传统东方雅致生活的一种表现，一般名门望族以三进院为主，在五进院居住的则非富即贵，进落之间能彰显主人的尊贵与品位。

现代住宅无法像古代住宅一样空间宽敞，因此借由隔间来创造进院的感觉，在创造"进"的过程中不是要切割空间，而是通过一些陈设和趣味性的隔间创造"进"的感觉，空间通过隔间来引导使用者，让他们在行进过程中产生尊贵大气的感觉。大部分转折点都是用来区分使用范围的，原则上，当空间能有公共空间时就能创造三进的层次，进入卧室再规划两进，即五进的布局。这样就重现了中国传统文化中"内外有别，长幼有序"的礼序生活。

第 3 章

青年、壮年、老年业主
大宅平面配置全解析

青年业主大宅
平面配置关键

多元功能，进退自如。正处于事业发展阶段的青年夫妻，对空间配置主要考量的是社交需求，包括男主人的商务交流与女主人的私人聚会，公共空间要有能应对各种聚会的开放性及弹性。

亲子卧室，距离适当。学龄后的小孩生活行为都更为成熟与独立，为了不干扰彼此的生活作息，在个人空间上可给予适当的距离，并利用公共空间去增强家庭的互动与交流。

建立套房，着重规划。家人共用一间卫浴来增进情感是很幸福的事，但必须要考虑到卫浴空间设备的独立性。如果说空间够大，规划一间套房让小孩自主管理也是一种设计思维，同时要思考卫浴如何规划，除了采光通风外，老少皆宜的贴心设置也很重要。

壮年业主大宅
平面配置关键

　　明确定义，公私有别。壮年大宅空间设计需着重满足三代同堂的各自需求以及家族感情的联系，公共空间和私人空间要划分明确，对外的公共空间功能上要满足业主的社交需求，对内的私人空间则要顾及老人的生活习惯。

　　串联动线，维系情感。三代同堂的居室对内的公共空间要部分交叠，比如餐厅是家人交流的重要场所，厨房是媳妇与婆婆感情互动的地方，起居空间是全家人共同活动的场所，用动线将其互相串联以创造家人之间的互动。

　　自主生活，符合年龄。私人空间设置要兼顾所有年龄层家人的生活作息，要保证各自空间的独立，避免相互干扰。儿童房间同时要考虑到长辈陪伴、共同照顾的状况。

老年业主大宅
平面配置关键

安全第一，设计贴心。老年大宅配置应贯彻以安全为主，奢华为辅的规划理念，无障碍设计让居住者生活方便、安心，这不只是老人的专利，当家人身体不方便、不舒服的时候，无障碍空间都是对其非常贴心的关爱。

专属规划，自我实现。老年大宅的空间配置要有绝对满足业主个人爱好的空间，有些人注重健康，所以有桑拿房、健身房等，有些人喜爱收藏，则有名人画作或是雕塑收藏空间，这些必须针对不同的需求给予专业的量身规划。

小私大公，增进互动。老年业主的反应力与行动力都不如青壮年，私人空间在占比上要比公共空间小。大小合适的卧室让人的睡眠更为安稳，剩下的空间则用于创造一个具有趣味性的公共空间，以此来增加与亲友之间的交流机会。

6 种常见大宅房型与 3 种业主居住生活形态组合 格局配置要点解析

方形格局
青年大宅平面配置要点解析

　　青年大宅家庭成员设定为年轻夫妻和两个小孩，正处于创业阶段的夫妻有较频繁的社交需求，包括男主人与朋友、客户的交谈，女主人与闺蜜的下午茶或者是花艺、烹饪等私人聚会，因此对公共空间配置要注重对外应用的弹性，私人空间配置则考虑小朋友读书的氛围和家人隐私。

A ◇ 隐介藏形

B ◆ 通同一气

C ◆ 一转二折

D ◆ 二进展景

E ◆ 进室顺行

健身区

E◆

主卫

主卧室

A◆
主卧玄关

户外休憩区

儿童房

客卫

书房

C◆   C◆

餐厅

D◆   B◆   客厅
衣帽间

电梯间   玄关

A 隐介藏形

二进主卧，迂回的动线有利于保护隐私。

B 通同一气

客厅、餐厅与厨房的串联设计，满足社交联谊需求。

C 一转二折

廊道处设立用于收纳的柜体，创造出有特色的动线景观。

D 二进展景

利用玄关转换空间，让动线有层次感和仪式感。

E 进室顺行

遵循实际生活需要来设计动线，有逻辑地进行收纳。

　　青年大宅空间需求会较外显，希望把空间展示出来，以实现自我个性的展示。

方形格局
壮年大宅平面配置要点解析

　　壮年大宅多为事业有成的夫妻与已成年的小孩甚至是第三代的孩童共同居住，不同年龄阶段的家庭成员共同住在方形空间，设计时应注重三代在私密区域里各自的生活需求，还要以公共区域为中心，维系整个家族的情感。

A　　　隐而不显

B　◆　引光进气

C　◆　回转流动

D　◆　进室顺行

E　◆　绿光带景

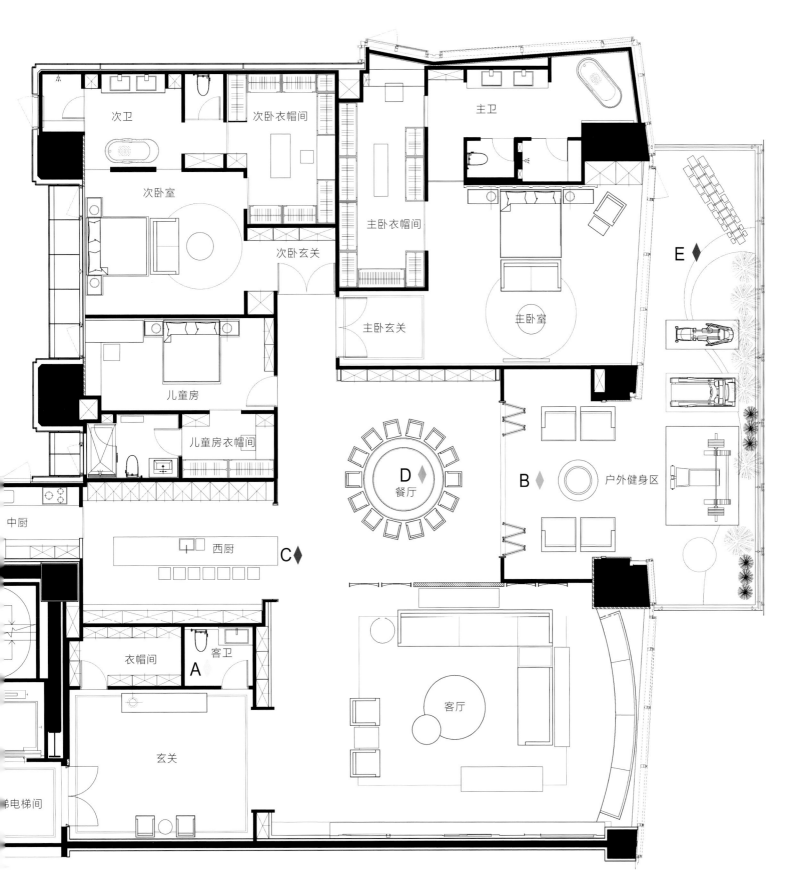

次卫

次卧衣帽间

主卫

次卧室

主卧衣帽间

次卧玄关

主卧玄关

E ♦

儿童房

主卧室

儿童房衣帽间

中厨

D ♦
餐厅

B ♦

户外健身区

西厨

C ♦

衣帽间

客卫

A

玄关

客厅

电梯间

075

A 隐而不显

在玄关角落设立客卫，方便客人进出时整理仪容。

B 引光进气

内部与外部用动线相联结，使光线通透。

C 回转流动

弱化卫浴的隔墙，解放身心使人悠然自在。

D 进室顺行

遵循实际生活的需要来设计动线，有逻辑地进行收纳。

E 绿光带景

户外的健身区，让业主运动时徜徉在绿意之中。

　　壮年业主的大宅空间配置大多取决于家庭中的人际关系和亲子关系。

方形格局
老年大宅平面配置要点解析

　　老年大宅的业主多为退休夫妻。利用方形空间的特质，将餐厅配置在整个空间的中心，让书房与餐厅以开放式设计联结，引入更充足的光线，创造老年业主与老朋友们以及另外一半的享乐生活，并为他们打造兴趣收藏和健康的个人空间。

A　　　隐室藏艺

B　◆　引气带景

C　◆　静转流动

D　◆　聚气灵动

E　◆　优室安乐

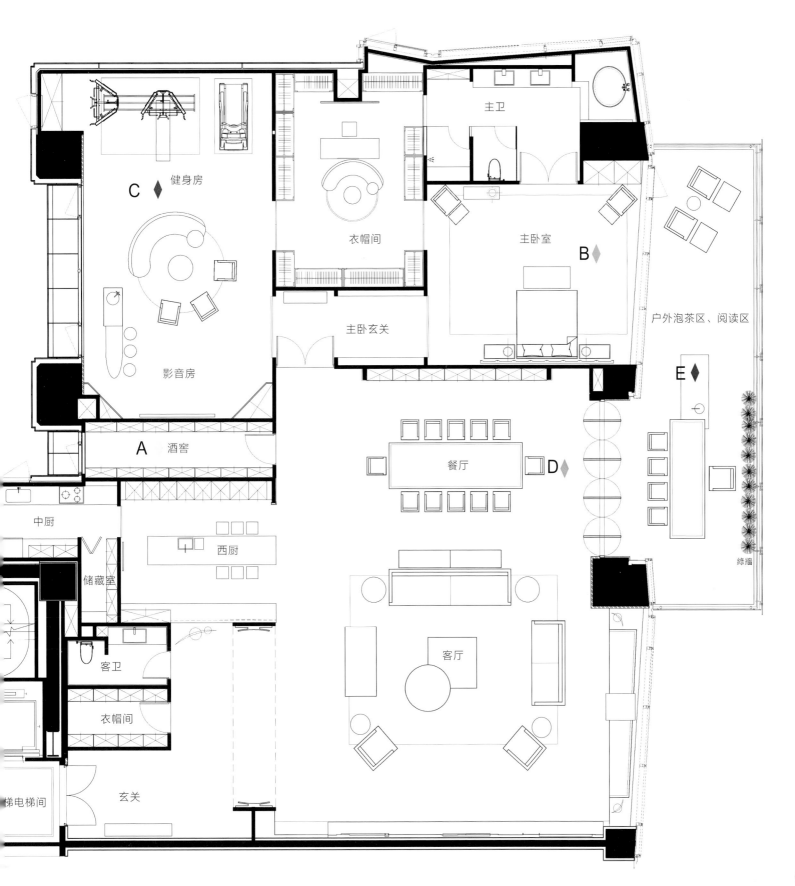

健身房

C ◆

衣帽间

主卫

主卧室

B ◆

主卧玄关

户外泡茶区、阅读区

影音房

E ◆

A 酒窖

餐厅

D ◆

绿牆

中厨

西厨

储藏室

客卫

客厅

衣帽间

梯电梯间

玄关

A   隐室藏艺

玩赏艺术品的空间是低调地展示个人品位的地方。

B   引气带景

在主卧外设置休闲阳台，引入新鲜空气和户外景致。

C   静转流动

尊重个人爱好，定制专属的休闲活动场地。

D   聚气灵动

把餐厅设在中心处，轴心动线可以凝聚家人感情。

E   优室安乐

清新安逸的退休生活，健康娴雅。

以方便、安全为主要考量，奢华为次
要考量是规划老年大宅的原则。

长条形格局
青年大宅平面配置要点解析

　　青年大宅业主的家庭成员多为一对年轻夫妻和两个小孩，长条形空间容易产生动线过长的问题，而青年大宅业主家庭成员较少，空间配置上应突破制式化的规范，将多元空间减少，并放大空间来提高居住的舒适感与随性感。

A　　　　品艺生活

B　◆　　洒脱不拘

C　◆　　内外呼应

D　◆　　生活逸趣

E　◆　　条理分明

机房

烘

礼品/玩具
收藏室

E ◆
游戏区

D

西厨

E ◆ 衣帽间

E ◆
儿童房

餐

C

阳

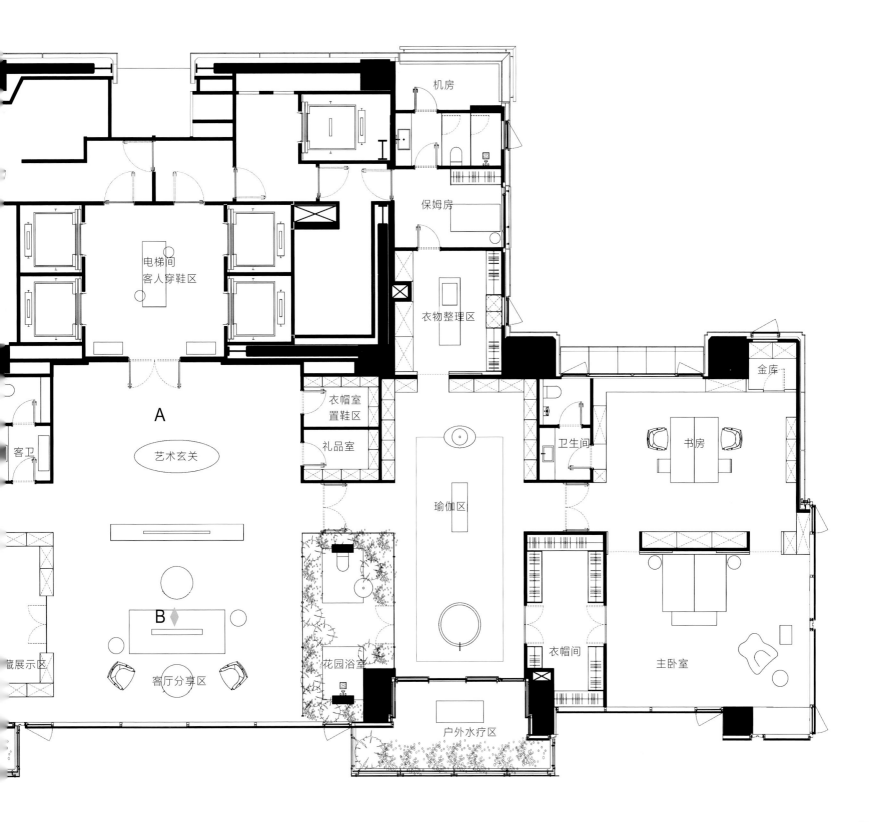

电梯间
客人穿鞋区

机房

保姆房

衣物整理区

金库

A

客卫

衣帽室
置鞋区

礼品室

卫生间

书房

艺术玄关

瑜伽区

藏展示区

B

花园浴室

衣帽间

主卧室

客厅分享区

户外水疗区

A 品艺生活

把艺术品放在玄关处，引出差异化的居室主题。

B 洒脱不拘

跳出制式规范，用多元化的空间彰显自由与个性。

C 内外呼应

大落地窗把室外风景引入室内，使得内外呼应。

D 生活逸趣

激发烹饪兴趣，功能区可以被灵活运用。

E 条理分明

寝区功能细分，设计符合儿童需求的功能。

　　大宅空间的生命力通过我们的喜好、使用习惯慢慢去改变才能逐渐养成。

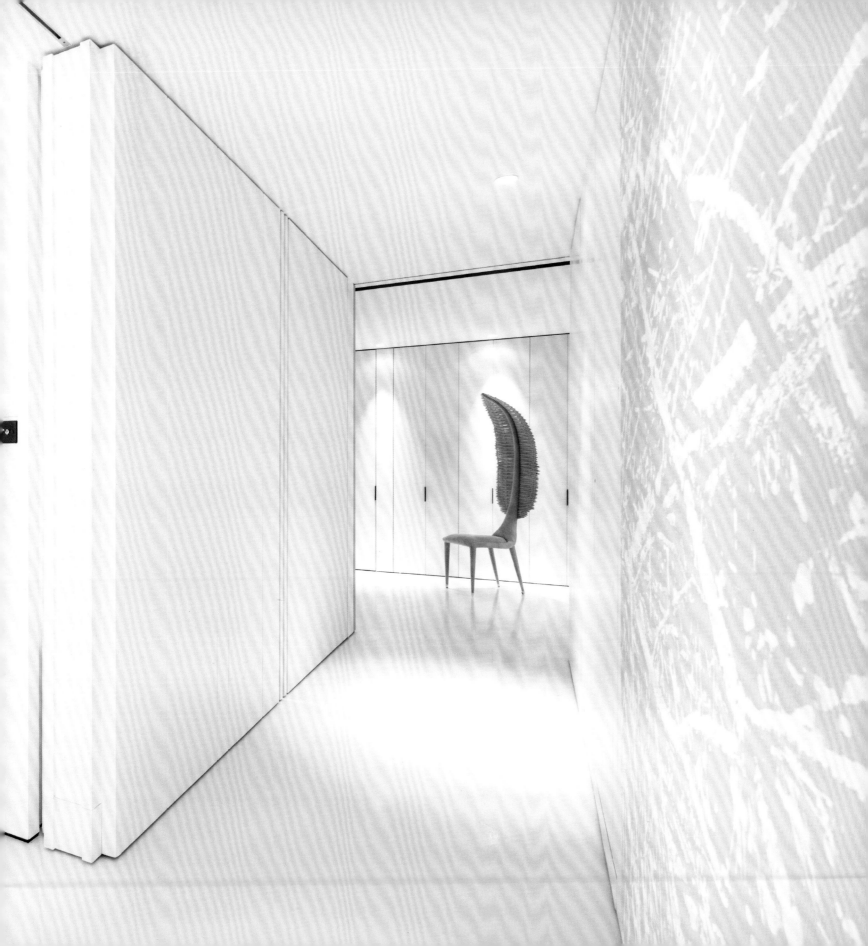

长条形格局
壮年大宅平面配置要点解析

　　壮年大宅的业主家庭多为三代同堂，一对夫妻和刚出生的小孩与老人同住。空间配置重点在将长条形空间分为公共空间、老人房、主卧，中段配置社交的休闲公共空间，以增进家人亲友情谊。老人房要考虑照料行动不便的老人的需求，右区由主卧与亲子活动空间组成，并以满足照顾学龄前儿童的需求为原则进行规划。

A　　　尊礼重客

B　◆　群聚共乐

C　◆　尽情畅游

D　◆　合理配置

E　◆　安享晚年

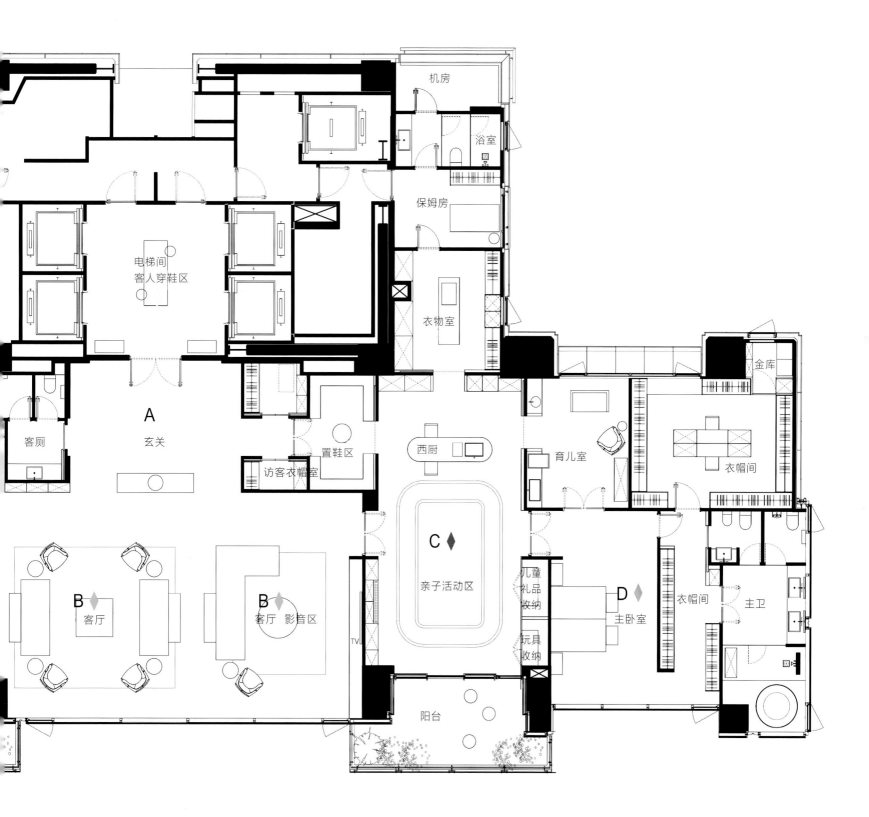

机房

浴室

保姆房

衣物室

电梯间
客人穿鞋区

金库

A

客厅

玄关

育儿室

衣帽间

客厕

置鞋区

西厨

访客衣帽室

C ◆

亲子活动区

儿童礼品收纳

衣帽间

主卫

B ◆
客厅

B ◆
客厅 影音区

玩具收纳

D ◆
主卧室

TV

阳台

A   尊礼重客

玄关处细分功能，在讲究品质的同时提高便利性。

B   群聚共乐

复合的休闲模式，使家人、朋友可以共享乐趣。

C   尽情畅游

满足儿童需求的规划，让空间独立，使公共空间与私人空间互不打扰。

D   合理配置

多功能家具，让照料老人和亲子互动都轻松自如。

E   安享晚年

无障碍设计，满足特殊照料需求。

如何利用设计让家庭成员能够更幸福、更有互动性，是设计壮年大宅必须思考的课题。

长条形格局
老年大宅平面配置要点解析

　　老年大宅的业主以退休夫妻为主，为他们做大宅设计时，要把长条形空间的缺点转化为优点，将廊道拉长并设计为一个艺术品展示空间，当人由展示空间进入其他空间时，让使用者在心境上产生动静转换的节奏感。

A　　　迎宾意象

B ◆　动静有序

C ◆　明朗大气

D ◆　典藏书香

E ◆　隐室藏私

机房

保姆房

电梯间
客人穿鞋区

卫生间

衣物室

客卫

玄关

造型化妆室

登山用品收纳室

置鞋衣帽区

客卫

体能训练室

金库

化妆室

A

桑拿房

早餐区

大型艺术品
展示区

会客厅

图书室

D

主卧室

衣帽间

主卫

C

阳台

A 迎宾意象

拉长动线，沿途用艺术品装饰。

B 动静有序

在廊道上，居住者可以品味艺术。

C 明朗大气

贴心的休憩功能，让家庭成员间能相互照应。

D 典藏书香

图书收藏展示，供儿孙欢聚阅读。

E 隐室藏私

私人收藏展示空间，可供三五好友汇聚鉴赏。

无论是多昂贵或多稀有，高端大宅仍需要人去赋予其真正的价值。

U 形格局
青年大宅平面配置要点解析

　　青年大宅业主的家庭成员多为青年夫妻和一至两名正在上学的小孩。U 形大宅三面临路、通风采光良好，将公共区域规划在中央，可展现空间的宽敞通透。由于小朋友们都已经长大，整体的设计重点应放在公共区域，以满足男女主人的社交需求。

A　　　内外呼应

B　◆　好客气度

C　◆　视觉平衡

D　◆　邀景伴眠

E　◆　心之所向

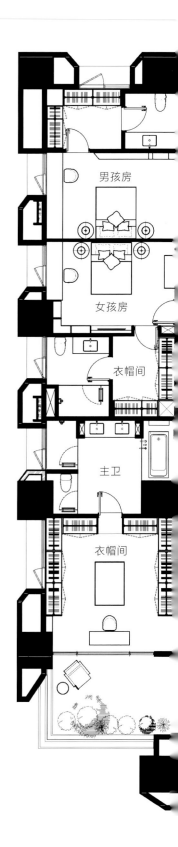

男孩房

女孩房

衣帽间

主卫

衣帽间

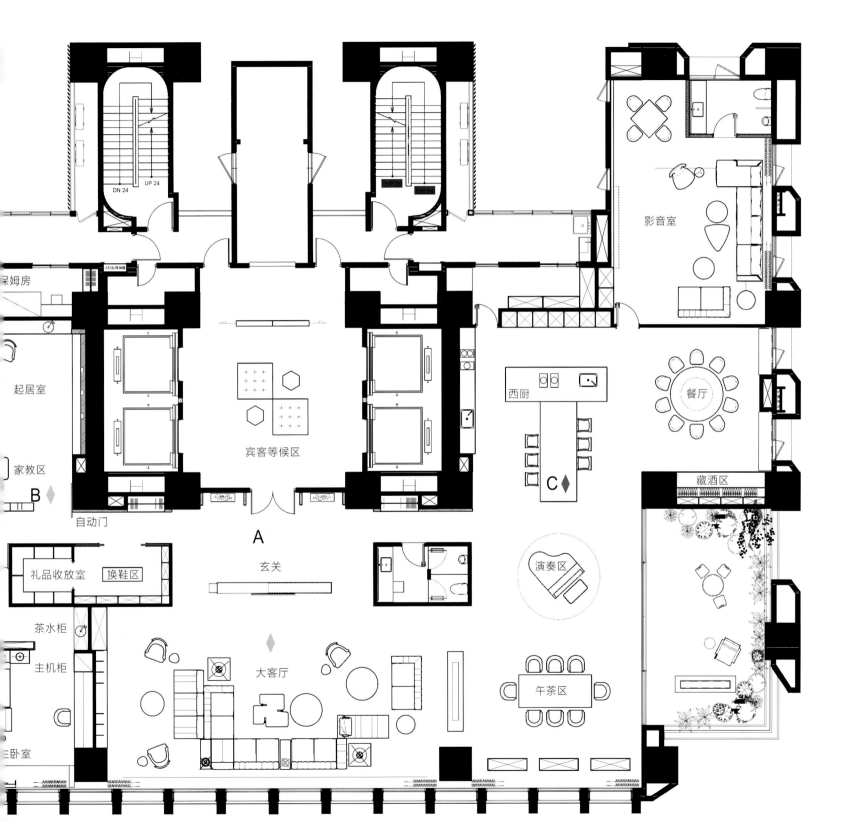

影音室

餐厅

藏酒区

西厨

C

保姆房

起居室

家教区

B

自动门

A

宾客等候区

礼品收放室　换鞋区

玄关

茶水柜

主机柜

大客厅

演奏区

午茶区

三卧室

DN 24　UP 24

ATS和传递箱

A 内外呼应

虚实墙体环绕，加强景深，放大空间感。

B 好客气度

有效区分公共空间和私人空间，家庭内外活动互不干扰。

C 视觉平衡

餐区沿轴线设计，左右两侧空间独立。

D 邀景伴眠

卧室视野绝佳，绿意风景伴随入眠。

E 心之所向

家庭核心区域，凝聚家人情感。

大宅规划要随时代变迁与当下需求而进行调整，要以当时居住者的舒适体验为依据。

U 形格局
壮年大宅平面配置要点解析

　　壮年大宅业主的家庭成员多为三代同堂。U 形大宅在规划私人空间时，往往配置在左右两侧，较不容易将公共空间和私人空间分开，壮年业主的大宅规划多通过环绕型方式配置公共空间和私人空间，这可以让三代之间保持和谐又独立的关系。

A　　　**行转流动**

B　◆　**开阔高雅**

C　◆　**尽展厨趣**

D　◆　**框景如画**

E　◆　**刚柔并济**

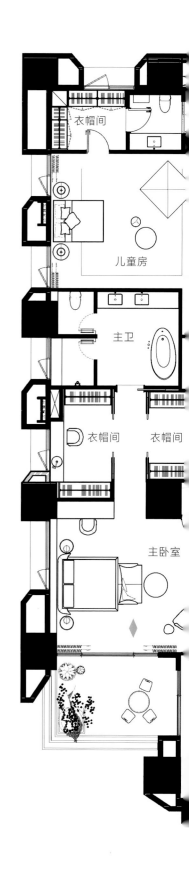

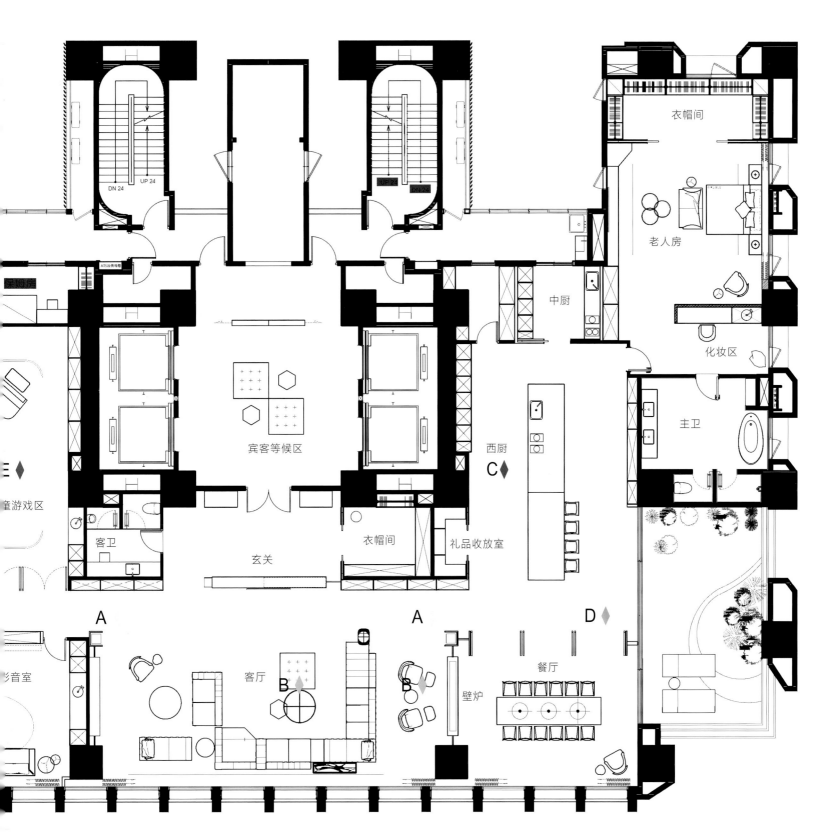

衣帽间

老人房

中厨

化妆区

主卫

保姆房

ATS双电母棒

宾客等候区

西厨

C◆

童游戏区

客卫

衣帽间

礼品收放室

玄关

A

A

D◆

影音室

客厅

B◆

B◆

壁炉

餐厅

A 行转流动

左右双轴线设计，引导公共空间和私人空间不同的动线。

B 开阔高雅

主副沙发分别摆放，让促膝谈心在温馨氛围中进行。

C 尽展厨趣

厨房空间开阔，可在此共享健康饮食习惯。

D 框景如画

大落地窗卧室，营造舒适的居室环境。

E 刚柔并济

独立的儿童游戏区，家人专属亲密时光。

　　设计大宅时要能满足家庭成员的需求，让使用者在居住的过程当中感到舒适。

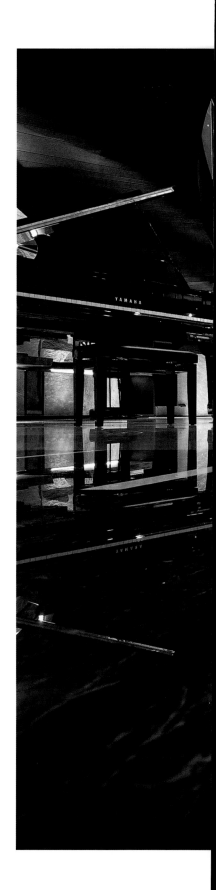

U 形格局
老年大宅平面配置要点解析

　　老年大宅的业主是已经将事业传承给子女的退休夫妻。U 形大宅的业主多将休闲兴趣空间配置于居室空间之中，通过虚实墙体将公共空间层次及景深拉大，让空间更有趣味，以迎接子孙晚辈及老朋友。

A　　　 豁然开朗

B　◆　 与景共餐

C　◆　 亲近独立

D　◆　 尽展品位

E　◆　 悠然自得

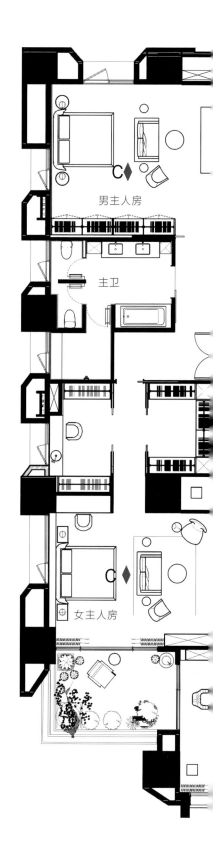

男主人房

主卫

女主人房

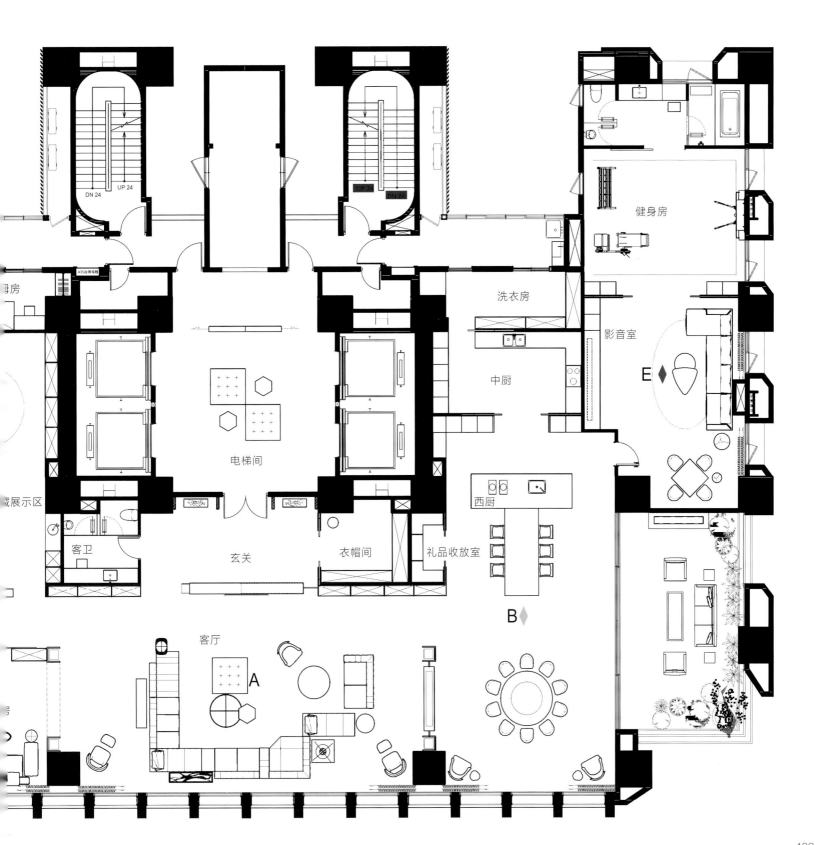

健身房

洗衣房

影音室

中厨

E ◆

西厨

礼品收放室

B ◆

电梯间

衣帽间

玄关

客卫

客厅

A

展示区

房

为老年大宅配置空间时
房间大小要适度，要将空间
留给社交功能。

A 豁然开朗

迎接满堂子孙，共享晚年天伦之乐。

B 与景共餐

开窗引景入厅，轻食简餐健康养生。

C 亲近独立

寝居各自独立，共用卫浴和更衣区域。

D 尽展品位

艺品收藏展示，坐拥珍品自在满足。

E 悠然自得

闲适悠然的居所。

L 形格局
青年大宅平面配置要点解析

　　青年大宅业主家庭成员多为夫妻及一至两名上学的孩子，L 形空间有渐进式的空间动线，使公共空间与私人空间能明确独立，将设计重点放在满足居住成员对公共空间的需求，创造父母与孩子亲子活动的场所，同时也要给孩子留有独立的学习空间。主卧空间要有独立的衣帽间，以满足大量衣物收纳的需求。

A　　　　先收后放

B　◆　公私分明

C　◆　进退皆宜

D　◆　洄游流转

E　◆　动静有常

书房

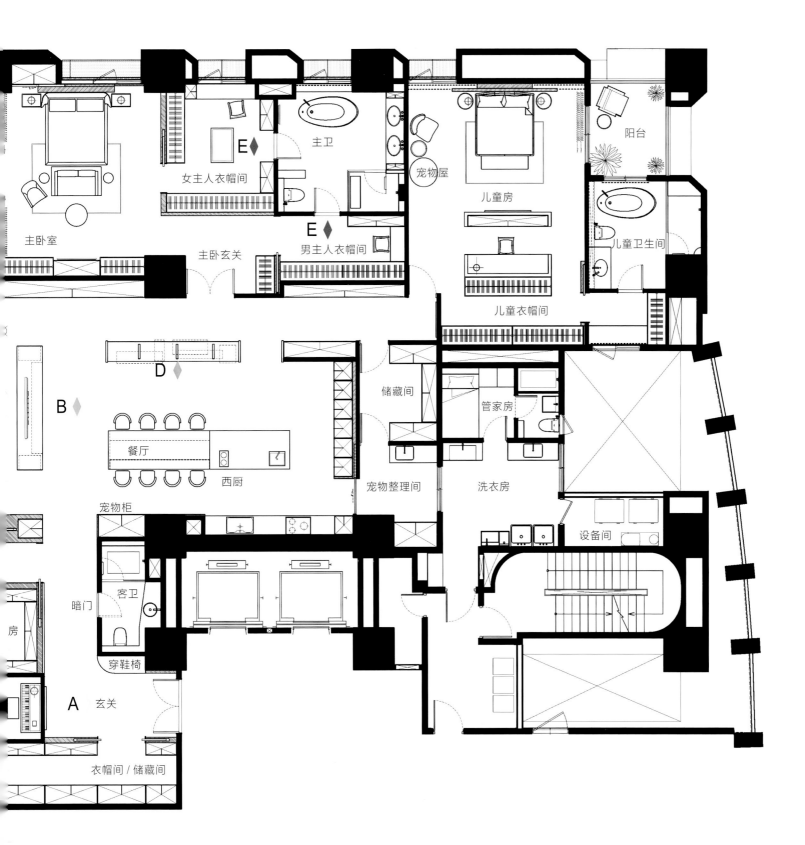

主卧室

女主人衣帽间

E♦

主卫

宠物屋

儿童房

阳台

E♦

主卧玄关

男主人衣帽间

儿童卫生间

儿童衣帽间

D♦

B♦

储藏间

管家房

餐厅

西厨

宠物整理间

洗衣房

设备间

宠物柜

暗门

客卫

房

穿鞋椅

A 玄关

衣帽间 / 储藏间

A 先收后放

入口玄关转折，放大公共空间。

B 公私分明

展开式餐厅厨房，明确分隔公共空间和私人空间

C 进退皆宜

灵活的公共隔间，私密独立。

D 洄游流转

中岛吧台区汇聚交流，廊道收纳隐藏卧室。

E 动静有常

更衣室各自独立，串联动线自在游走。

即使是大宅，仍要适当
地安排人与空间的关系，以
使居住者感到安全和舒适。

L 形格局
壮年大宅平面配置要点解析

　　L 形空间应满足三代同堂不同年龄层业主的居住需求,照顾老人的同时也要顾及小孩,空间配置重点是让家庭成员都有完整独立的空间,利用 L 形格局较长的过道动线设计实用功能,创造让家人能亲密共处的汇聚区。

A 　　　　转折隐室

B ♦ 　　动静平衡

C ♦ 　　体贴至上

D ♦ 　　熙熙融融

E ♦ 　　预约未来

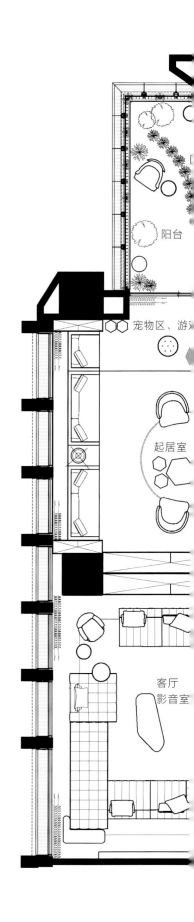

阳台

宠物区、游

起居室

客厅
影音室

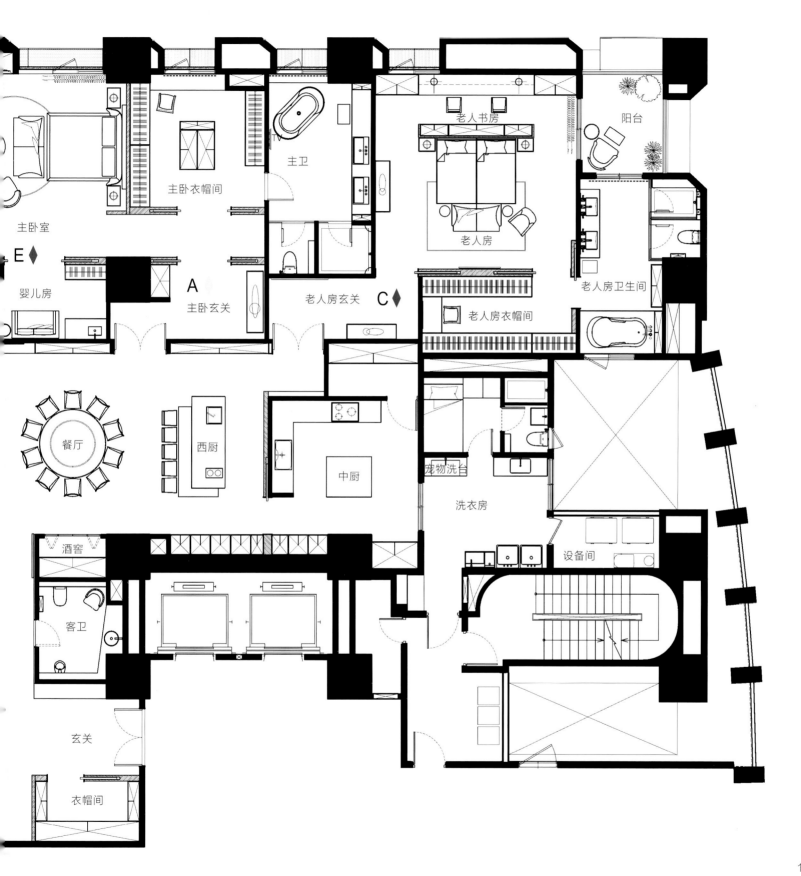

主卧室

E◆

婴儿房

主卧衣帽间

主卫

A

主卧玄关

老人书房

阳台

老人房

老人房玄关 C◆

老人房卫生间

老人房衣帽间

餐厅

西厨

中厨

宠物洗台

洗衣房

设备间

酒窖

客卫

玄关

衣帽间

A 转折隐室

卧室前有独立的玄关，利用转折动线提高私密性。

B 动静平衡

用主墙来引导动线，使公、私区域互不打扰。

C 体贴至上

更宽敞的通道方便老人使用。

D 熙熙融融

把亲子共处的空间设立在临近客厅的位置，让互动更自在。

E 预约未来

设计规划要从长远思考，依居住者的需求而调整。

规划大宅要明确地
了解空间的功能，让空
间设计真正贴近业主独
一无二的居住期待。

L形格局
老年大宅平面配置要点解析

　　老年大宅业主多为退休或即将退休的夫妻，两人都有自己的生活方式，空间上要按照创造能彼此照应的生活来规划。把L形空间较宽敞的转角部分依需求随性发挥，让老年业主的兴趣、社交活动可以独立分开。

A　　　进转悠游

B　◆　简约放大

C　◆　自在想象

D　◆　聚精汇气

E　◆　和谐共处

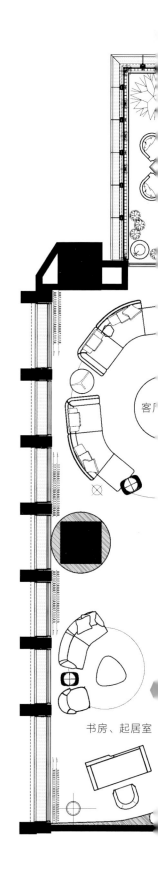

客厅

书房、起居室

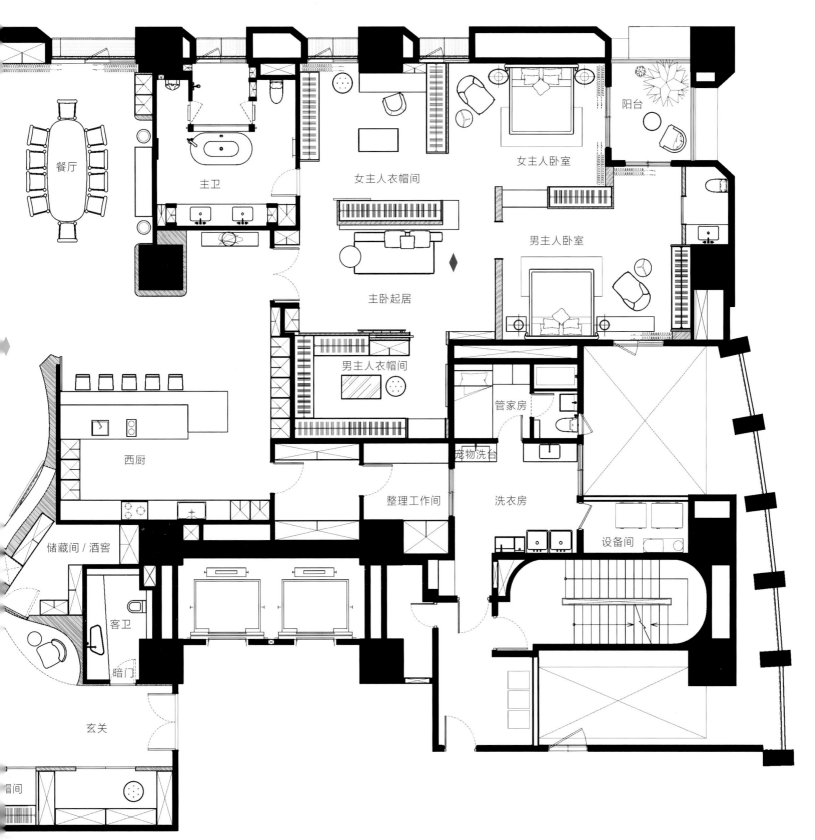

餐厅

主卫

女主人衣帽间

女主人卧室

阳台

男主人卧室

主卧起居

男主人衣帽间

管家房

宠物洗台

西厨

整理工作间

洗衣房

设备间

储藏间 / 酒窖

客卫

暗门

玄关

眉间

A 进转悠游

流线型的开放式过道，使人沉淀身心，自在漫步其中。

B 简约放大

弧形的隔墙设计，联结各个区域，创造生活趣味。

C 自在想象

休闲区的窗外有绿色景观，使人悠闲自得。

D 聚精汇气

收藏展示处精心设计，体现出主人的独到品位。

E 和谐共处

独立的双主卧设计，既有独立空间又能相互照顾。

　　大宅的简约不是舍弃物质，而是能给业主提供更轻松、更舒适、更丰富的生活的设计。

回字形格局
青年大宅平面配置要点解析

　　青年大宅业主家庭成员主要为一对夫妻和一至两名学龄期的小孩。回字形空间的特点是较容易保持空间的高流动性，因此不需运用过多形式区分公共空间和私人空间。对于居住成员单一的青年业主的大宅，配置空间时宜简单纯粹，营造公共空间舒适开阔的空间感。

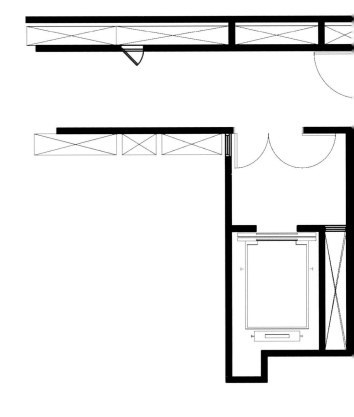

A  引光纳景

B ◆ 气派精炼

C ◆ 条理有序

D ◆ 自由自在

E ◆ 宜动宜静

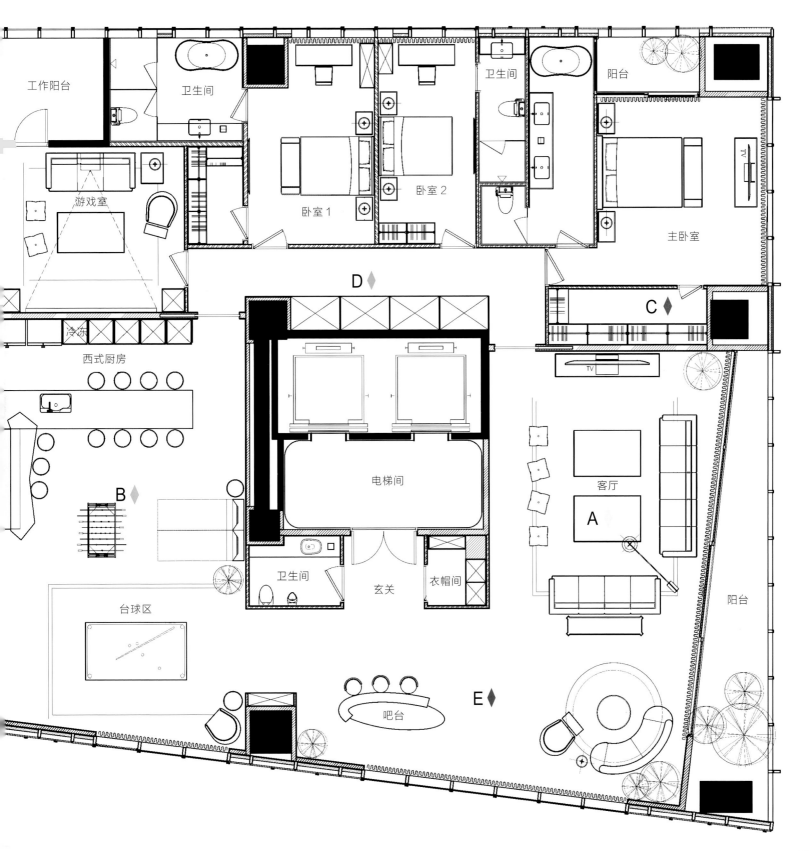

工作阳台

卫生间

游戏室

西式厨房

冷冻

B ◆

台球区

卧室 1

卧室 2

卫生间

D ◆

电梯间

卫生间

玄关

衣帽间

吧台

E ◆

阳台

卫生间

主卧室

阳台

C ◆

TV

TV

客厅

A

阳台

A   引光纳景

大落地窗设计，提升空间的层次感。

B   气派精炼

专属的区域供亲友聚会，欢乐满满。

C   条理有序

对应不同场合的需求，把衣服分门别类进行收纳。

D   自由自在

用简约的动线界定公共空间和私人空间，更好地保护了隐私。

E   宜动宜静

复合功能空间，根据每个家庭成员的习惯设计，人人都可以各取所需。

创造空间的互动性很重要，
要能够让人对空间多一点想象，
使空间功能更多元，生活上就会
有更多乐趣。

回字形格局
壮年大宅平面配置要点解析

    壮年大宅业主的家庭成员常见为夫妻两人与一至两名已成年的孩子。因此以开放流动的动线来创造各自自主的生活，并共享住宅的公共空间来满足小家庭式的居住需求。同时考虑到壮年夫妻与孩子聚会甚多，餐厅与厨房的空间要大。

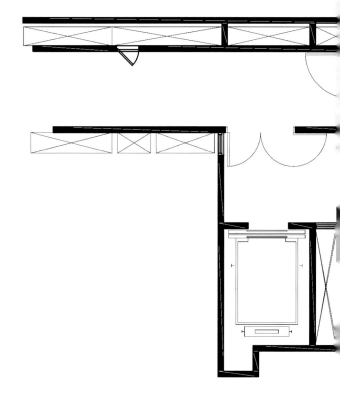

A   收放自如

B   ◆   内外呼应

C   ◆   真挚款待

D   ◆   拥抱景色

E   ◆   恬适共处

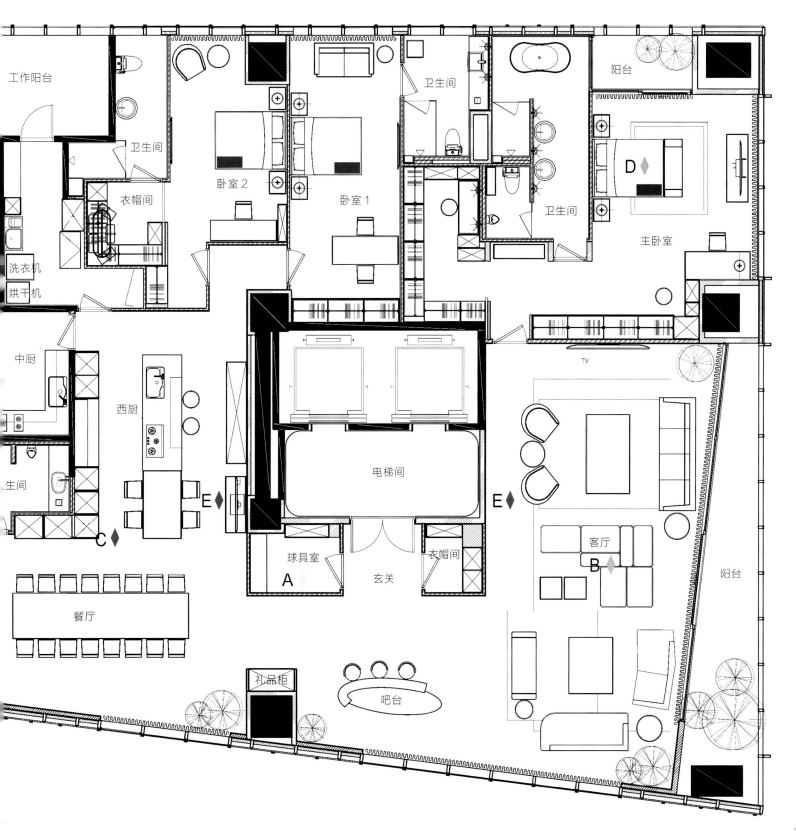

工作阳台

卫生间

衣帽间

洗衣机

烘干机

中厨

西厨

卧室 2

卧室 1

卫生间

卫生间

卫生间

阳台

D

主卧室

TV

电梯间

E ◆

E ◆

客厅

B ◆

C ◆

球具室

衣帽间

A

玄关

阳台

餐厅

礼品柜

吧台

A 收放自如

根据休闲爱好，量身规划收纳需求。

B 内外呼应

开放的客厅空间，联结户外广阔视野。

C 真挚款待

开放式餐厨空间，让热情好客的业主尽展厨艺。

D 拥抱景色

卧室里有大窗框景，主人面窗而眠放松身心。

E 恬适共处

动线切分不同空间，共居生活也能各有空间。

壮年业主的大宅以世代同堂的核心家庭概念来配置，让家人均有独立的空间。

回字形格局
老年大宅平面配置要点解析

　　老年业主的大宅居住成员多为已退休的夫妻，他们有各自的兴趣和习惯，追求简单惬意的居家生活。回字形的老年大宅配置重点放在寝室的部分，采用双主卧设计，规划上尽量放大视野；卫浴空间设计两个出入口，让男、女主人从各自主卧都可以方便进出，并刻意保留大开窗让人身处室内时有一种被户外自然环境围绕的感觉，夫妻俩可以一同沐浴，享受放松氛围。

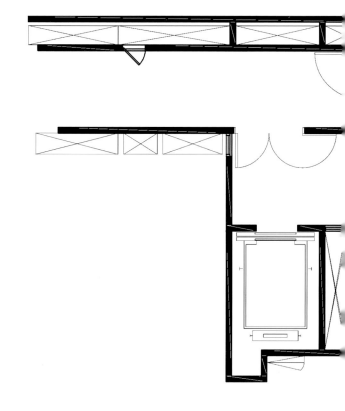

A　　　尽展视野

B　◆　心之所向

C　◆　转折有序

D　◆　引伴相聚

E　◆　因势顺导

工作阳台

卫生间

洗衣房

保姆房

洗衣机

烘干机

卫生间

酒窖

C◆

阳台

B◆

B◆

卫生间

主卧室

展示柜

西厨

电梯间

客厅

D◆

球具室

衣帽间

A

餐厅

吧台

E◆

阳台

收纳室

起居室

A   尽展视野

起居室和客厅与阳台相连，让人有被自然环境环绕的感觉。

B   心之所向

独立的双主卧设计，保障夫妻两人睡眠质量。

C   转折有序

符合老人生活习惯的动线设计，双向入口使用方便。

D   引伴相聚

具有复合功能的餐厅和厨房，让宾主尽欢。

E   因势顺导

从玄关进入室内顺势分出左右两条动线，通往客厅和餐厅。

　　大宅设计绝不是豪华极致的装修，而是让居住者从居住过程中感受贴心的设计。

复式格局
青年大宅平面配置要点解析

　　青年业主家庭成员多为一对年约 30 岁的夫妻和两个学龄小孩。复式大宅优势在于可将公共空间和私人空间分层配置，使用者能有较独立的隐秘性、自在感，因此在为有社交需求的青年业主规划复式大宅时，重点在公共空间的独立性及厨房的功能性。

A ◆ 间见层出

B ◆ 气宇非凡

C ◆ 动静皆宜

D ◆ 规旋矩折

E ◆ 心之所向

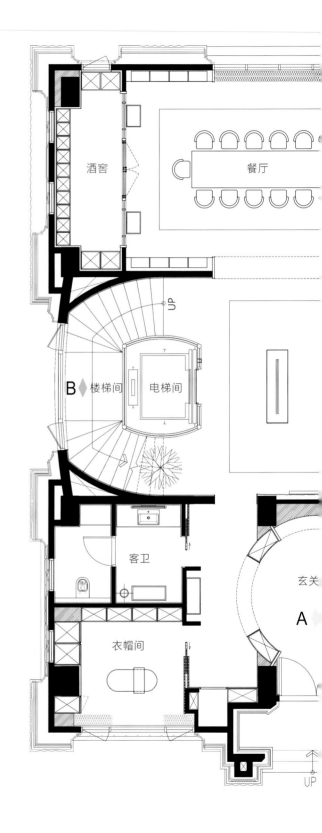

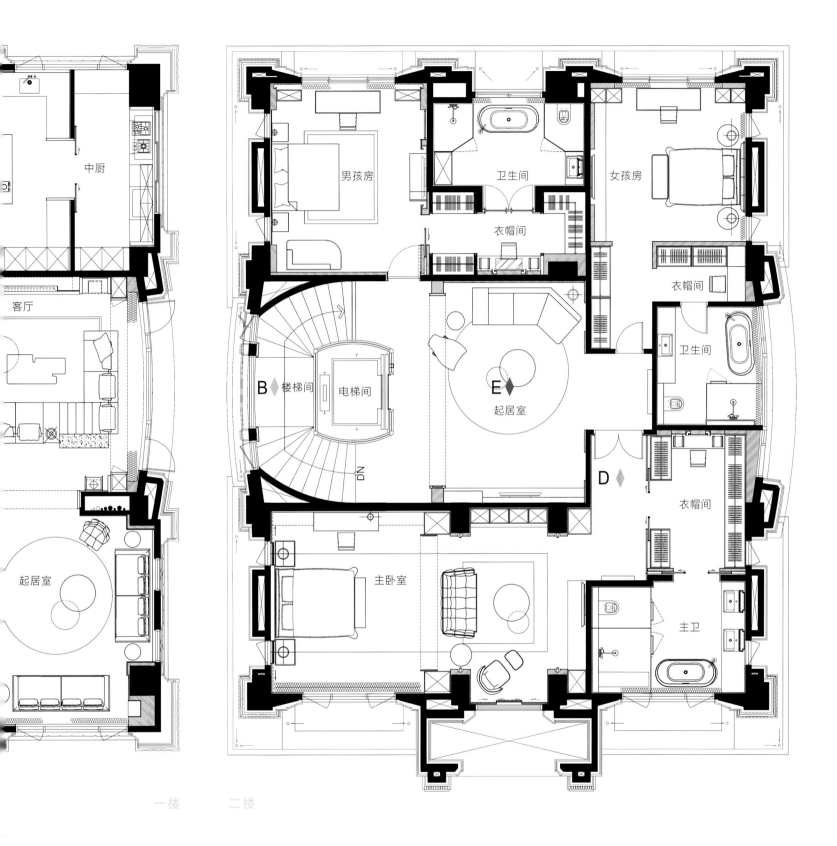

中厨

客厅

起居室

男孩房

卫生间

女孩房

衣帽间

衣帽间

卫生间

B ◆ 楼梯间

电梯间

DN

E ◆
起居室

D ◆

衣帽间

主卧室

主卫

一楼　　　二楼

A 间见层出

入口中心玄关，双向动线联结各功能区。

B 气宇非凡

大宅有气势的楼梯设计，开放式楼梯间串联层次。

C 动静皆宜

功能区灵活结合，联结餐厅与厨房开阔空间。

D 规旋矩折

主卧前有玄关间隔，通过动线转折保护隐私。

E 心之所向

起居室中心区域，家人同乐的休闲空间。

在注重社交需求的
青年业主的大宅中，从
进门开始就要给人宾至
如归的舒适感受。

复式格局
壮年大宅平面配置要点解析

　　壮年业主的家庭多为三代同堂，儿子已成家立业并有一个学龄前的小孩。居住人数较多，设计时利用上下楼层动线的规划，保留各自生活私密性的同时也要顾及家人间亲密和谐的关系。

A ◈ **流转动静**

B ◆ **低调沉静**

C ◆ **大气风范**

D ◆ **敞心邀客**

E ◆ **动静有法**

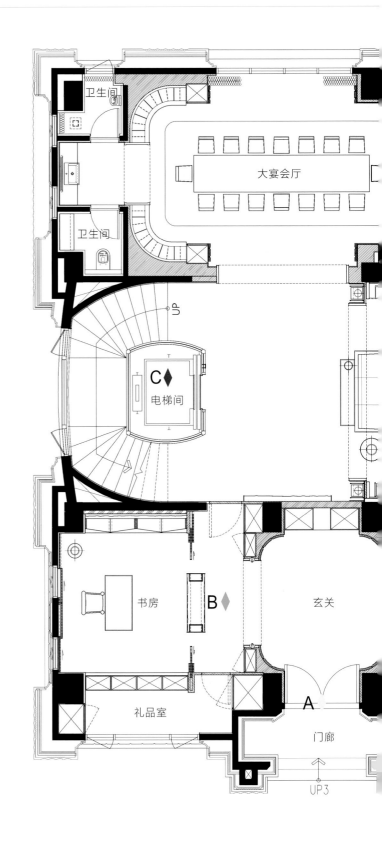

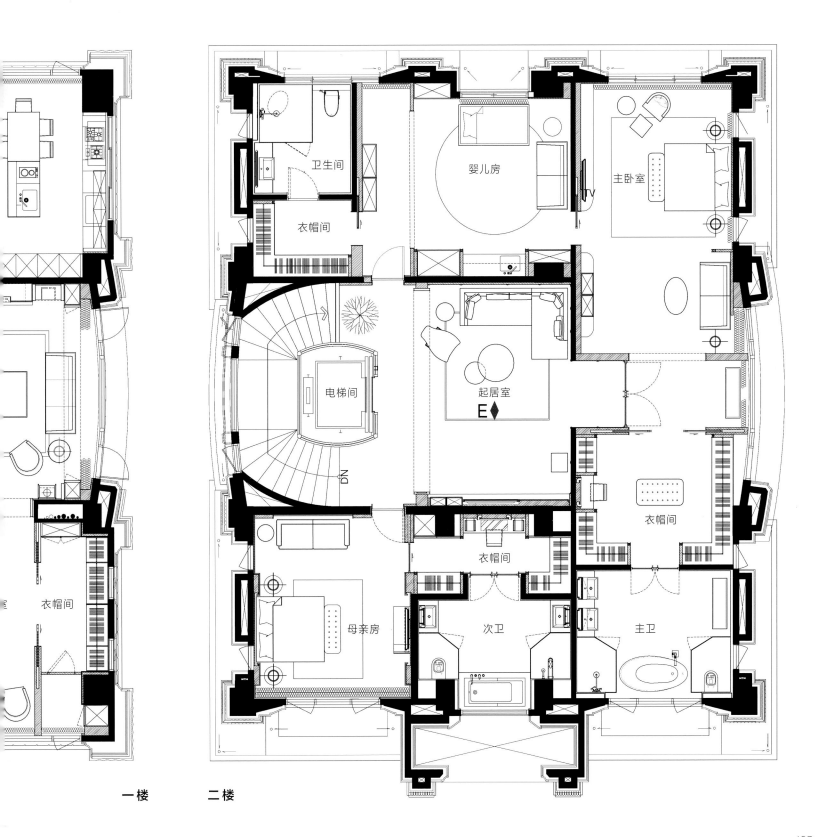

一楼　　二楼

A 流转动静

三进入门层次，在进转之间沉淀心情。

B 低调沉静

退缩廊道区块，隐秘的书房可以不受干扰。

C 大气风范

定制透明电梯就像是一个宝盒，精致奢华。

D 敞心邀客

宽敞的餐厅和厨房，中西合并注重收纳。

E 动静有法

中轴配置，功能复合又能独立使用

设计壮年业主的复式大宅要思考的层面比较广，特别要考虑到照顾小孩和长辈的需求。

复式格局
老年大宅平面配置要点解析

　　老年大宅的业主多为已退休的企业老板。设计时利用复式空间的特性，将公共空间和私人空间分层配置，公共空间以退休生活为规划依据，为夫妻两人设计专属的休闲娱乐空间，二层整层为男女主人寝居楼层，并依各自兴趣规划沉淀、养心的私人空间。

A　　　同好为乐

B　◆　深藏浅露

C　◆　怡然得乐

D　◆　心灵之居

E　◆　解放身心

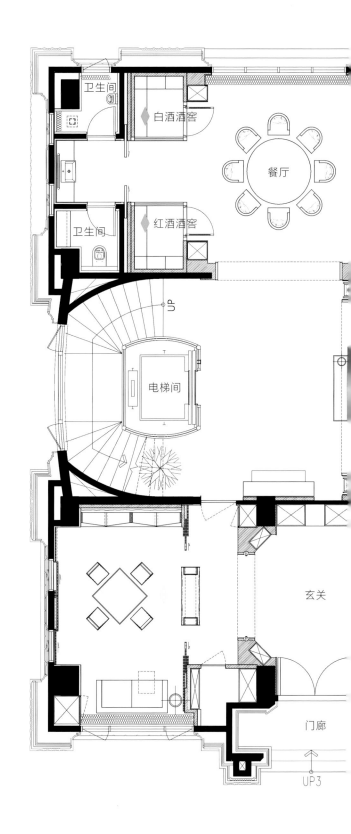

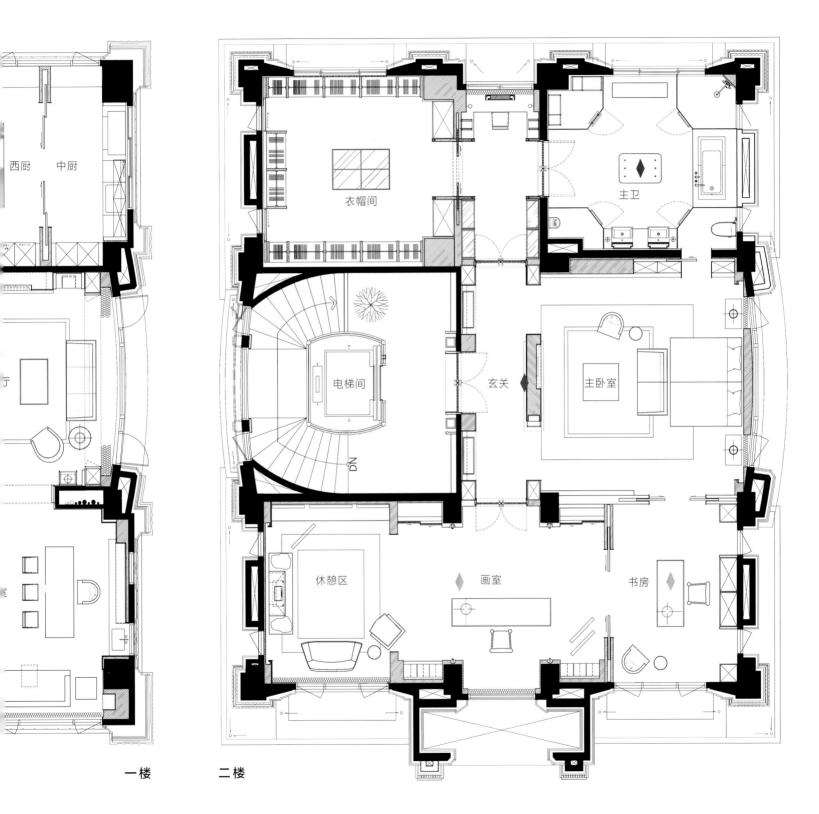

西厨　中厨

衣帽间

主卫

电梯间

玄关

主卧室

DN

休憩区

画室

书房

一楼　　二楼

A　同好为乐

尽享退休生活，麻将室、茶室各居一隅。

B　深藏浅露

玻璃酒窖，展示收藏，雕琢品位。

C　怡然得乐

主卧入口外设玄关，回字形动线使人悠然自得。

D　心灵之居

绝对私密的空间，专属区域互不干扰。

E　解放身心

使用功能细分，沐浴、盥洗便利又舒适。

　　当外在环境满足需求后，动线、比例、光线都能给人安全舒适的感受，这样的大宅就是一个好的大宅空间。

第二部分
材质细节

第 4 章

质感合一的好宅设计

何谓质感合一的设计

大宅业主生活阅历丰富，眼界开阔，对于"质"的感受敏锐且追求极致。身为一个大宅设计师如何让他们对居住空间有"感"，除了让动线流畅，使用功能符合需求外，更重要的是要创造出超越他们所想象的功能或者有别于以往经历过的空间，这就是所谓大宅的"感"。

一个人的五感知觉有嗅觉、视觉、听觉、触觉、味觉，在大宅的空间体验中涉及人的五感。"质感"即品质加感觉，而"质"正是要让大宅业主所处空间满足其五感知觉体验。接下来就根据五感知觉来谈兼顾品质、氛围及风格营造的质感大宅。

嗅觉——量身定制嗅觉氛围

空间氛围感是家居空间里无法用尺度去衡量的一种感觉，如何让空气中弥漫着干净清新的气息，最基本的是要创造出没有甲醛或者其他异味的健康空间，同时要为大宅业主创造属于自己的味道，也就是空间的香氛管理。空间的味道应有业主独特的个性，通过量身订制的香氛设计，赋予空间一种具有个人风格的气息，打造出能传递业主性格的嗅觉记忆。

视觉——尽显空间"表情"

要想让空间"表情"做到位，就要满足空间材质颜色搭配合理、明暗层次配比舒适。想要展现大宅视觉空间，就要让空间比例和氛围达到最好的效果，但不是把空间用所谓的设计填满，在大宅里尽可能多一点让视觉休息的慢空间。

听觉——鸟语花香不绝于耳

在设计大宅时不妨询问业主喜欢什么样的音乐，如果他们没有特别的偏好，就要根据他们的个性发掘出适合他们的乐曲，或者为空间注入大自然的声音。为空间创造听觉的体验，能为大宅增添无形的质感，不仅能够符合业主预期，甚至能超越他们想象。创造空间听觉体验时，要先阻绝不必要的声音，将悠然气氛和旋律留在空间里，让人在空间里不受外界干扰。

触觉——精致触感感动于心

触觉就是我们用双手或身体触及像是表材、家具、收边等物件时，身体或者是手所产生超越言语、感动人心的细腻感受。在制作和处理物件的过程中，细节相当重要，在创意的手法背后，仍要能表现出设计师细致、敏锐的观察力，这是设计师在设计大宅时必须要做到的。

味觉——愉悦感官唤醒味蕾

餐厅、厨房是居家空间里非常重要的交流空间，餐厅、厨房的设计规划决定了用餐的氛围，在结合多种感官愉悦的环境中用餐，能从食物中获得更美好的味觉感受。卫生间的位置也要详加思考，以免影响到用餐的氛围。

表现大宅质感的
四个关键要素

空间氛围是表现大宅质感的关键要素。不同的人喜好不同，有人喜欢大自然，希望在空间中多一点绿意；有人喜欢艺术，期待空间中充满文艺气息。如果设计师懂得将植物或者艺术元素融入空间里，营造出符合预期的氛围，这就是最好的大宅设计。

现代大宅的质感表现，要化繁为简、考究细节，要表现更轻松、更舒适的生活方式。大宅不再追求繁文缛节和华丽装饰后，留下的空白是从心灵层次出发，回归居住本质的纯粹。

在这样的概念下，现代大宅更讲究材质处理手法及比例，以及厨卫电器等设备的舒心配置，五金收边的细腻琢磨。为空间打造的任何一个物件，完成后都要仔细测试，唯有亲自使用之后才知道当中入微细节的变化，尽可能设计出贴合大宅业主的物件，这一点大宅设计师必须要把关。

雕琢工艺，善用材质体现价值

石材独特的天然纹理，常用来表现大宅的质感气势。由于大宅业主更在乎材质的稀有性，因此许多设计师会寻找一些宝石类的稀有石材，并将其运用在空间中，但这些材质如果运用不当反而更显俗气。

大宅一定要用石材吗？其实很多国际顶级酒店里，完全没有使用任何大理石，反而通过粗糙的木头、铁件，呈现出禅意的脱俗。大宅的质感是什么？我们不应该太纠结于大宅该用哪种具体材质，而应该深入研究该去怎么运用，用什么工法，如何把材质的优势用得淋漓尽致，这才是大宅质感的表现。

注重品质，细心规划表现极致质感

早期大部分事业有成的人想要借奢华的室内装饰炫耀成就，但随着他们经济水平的不断提高，反而注重设备的功能和细节的表现，也希望在空间中融入大自然的元素。现代质感大宅特别注重家具、织品、厨具和卫浴设备等的质感，大宅业主更愿意选择大品牌、高质感的家具设备，高价格的背后是享受品牌价值带来的品质保障及尊荣服务。另外，地板的地暖也是营造空间极致舒适感觉的设备，微暖的热气由脚底往上慢慢温至膝盖，使人行走在家里能保持下肢温暖，头脑清晰冷静，打造中医所谈"上凉、下暖、温中"的符合养生之道的居住空间，适当的配置设备才能营造无比舒适的居家环境。

细节整合，精选搭配打造非凡

质就是细节，感是最终感受，很多细节整合起来能成就不凡，就算外行人身处在细节堆叠的空间里也能感觉到空间与众不同的魅力。细节收边就像精品手表里的精密零件，相互辅佐，环环相扣。细节之于空间，大至家具、柜体收边，小至厨卫门板及抽屉门扇等五金的顺滑度等，甚至开关插座材质、颜色搭配也要符合整体装修需求，功能也要进行多角度研究，总之方方面面都必须非常注重。现在电子产品种类繁多，操作使用上要更直观，这些都是大宅的基本配备。

材质配置，拿捏比例一展大气

材质在空间中的比例是表现质感的关键因素。如果整个空间为同一种材质，氛围会显得过于沉闷；如果过多材质混合搭配，容易让人感觉杂乱没有质感。在同一个空间里，空间占比比较大的材质不能超过 3 种，若要搭配超过 3 种以上的材质，就不要大面积使用，采用衬托的方式运用在收边或者局部特殊处理上，这种点缀或收尾的做法能制造画龙点睛的效果。

第 5 章

贴心功能打造舒适生活

舒心生活的
关键功能

正如之前所提到的，当今高端大宅的业主，追求的是更轻松、更舒适的简约生活。大宅业主期待回归居住本质，同时还要空间符合当代生活的节奏，因此要讲究空间功能的配置。对大宅业主而言，预算并非打造新居首要考量的因素，设计师理应要为大宅业主配置最先进的设备，这些设备都是科技智能产品，能带来更便利的生活。

举例来说，智能家居设备能通过灯光设定营造温馨感，能根据使用空间情境营造阅读、用餐、睡眠氛围等。这里要留意，并非所有大宅都适合智能设备，很多大宅业主一开始抱着新奇尝试的心态，但因为他对科技不熟悉，使用到最后反而感到困扰，传统的开关设计对他们来说反而更直观便利。智能家居虽然已经问世很久，但到目前为止对于大多数人来说仍是很新的事物，不可否认，这是未来新人类生活必然的家居趋势，如果懂得去操作它，那么对于提升生活的便利性有相当大的帮助。

除了智能设备之外，其他像是厨房、卫浴、空调、影音、酒窖等，都有相当精密的设备，在这里设计师要扮演整合的角色，通盘了解功能需求后作整体的配置，再交由各项专业人员规划细节，这样才能达到最佳的使用效果。在帮大宅配置专业设备时，要同时为业主考虑到后续维护问题，因此现今很多大宅将影音、酒窖甚至餐厅等公共空间设施化，居住的空间可以把这些空间省下来，重新思考居住本质，让厨房变大，让房间变大，或规划其他真正需要的功能空间。

一个好的大宅设计师，如果要思考如何才能利用智能设备让业主住得更舒适、更舒心，那么就要对使用者非常了解，通过非常好的沟通，去挖掘他们内心对生活真正的期待。设计师要站在使用者的立场设计，用积累的经验去引导他们进入新的环境，让他们知道提升设备后生活的舒适性，让他们享受到科技带来的美好生活方式。

智能科技
带来便利生活

身处在创新时代，人们在生活当中的食、衣、住、行各个方面都能感受到科技带来的便利，但无论技术再先进科技再进步，智能家居系统设计仍要回到居住核心理念——以人为本，居有所值。大宅设计必须从使用者的角度去考虑，设计出切合他们独特需求的生活空间。

很多设计师容易陷入对科技的盲目崇拜，认为利用科技便能掌控一切生活，一股脑地帮大宅业主配置智能系统，却没思考到使用者的适应性，反而造成了极大的不便。要明白，智能家居是人去操控系统，而不是系统控制生活，只有明白了这一点才不会沦为科技的"奴隶"。

在选择智能家居系统时，设计师应与供应商和大宅使用者作充分沟通，依照需求定制功能细项，以便捷实用作为配置的衡量标准，将智能家居技术适度地应用在大宅家居中，设计出真正贴近人心的智能家居配置方案。

以人为本，便捷实用

智能家居系统几乎可以应用在家中的每一个空间，目的是提供更舒适、更安全、更有效的生活空间，大宅智能系统也要从使用者的生活状态、生活习惯来思考，以实用性、便利性和人性化作为核心设计来规划，过分炫技的设计只会给使用者徒增使用上的困扰，造成用户的排斥心理。进行规划时设计师要充分观察大宅业主的特质、行为模式，并以其为中心做全盘的整合规划，这样才能创造出切合需求的使用体验，比如视觉设计部分，图像化的控制界面设计，能跨越年龄层让所有居住者直接操作，使系统更能融入生活。

稳定系统，确保效能

想要享受便捷有效的智能家居，最重要的基础就是控制系统的稳定性，同时还要确保整体系统所有连接能正常运转，否则就算有再先进的设备也是枉然。在前期进行系统工程施工时，应考虑安装与维护的便捷性，系统的前端设备应依规定采用标准化接口设计，确保设备功能可以随着未来发展趋势及家庭成员需求调整升级。当需要扩增功能时也能有效率地衔接安装，不必再开挖管线或另外装配。智能化系统除了前期的设计规划、布线安装、调整测试之外，系统软件和硬件设备的后续维护工作也是维持良好功能的重点，因此要寻找经验丰富、专业可靠的厂商配合，才能使系统长期维持最佳效能。

智能居家控制系统

　　智能家居发展至今，在功能操控上有很大进步。智能控制系统整合了几乎所有的家居环境功能设备，包括照明、安全防控监控、影音、空调及家电等系统，通过物联网将所有数据资料经由网络上传到云端，建立物联网系统，并且同步温度、天气等网络数据信息调整系统设定，而智能家居控制系统的核心是要能将所有繁杂设备系统做连接与整合，并且通过智能移动装置轻松操控。

服务概念，舒心生活

　　智能家居控制系统除了能随意控制设备之外，还能让系统以"智能管家"的角色存在于空间之中。也就是说发挥智能家居控制系统自动感应侦测、双向信息连接的功能，在业主未察觉的情况下提前一步给予生活上的贴心照应，比如依照活动环境的人数调整空气质量，以及根据室外温度控制室内温湿度等，以维持最舒适的居住环境。

远端操控，保护隐私

　　智能家居控制系统存在的目的在于让所有设备发挥最大功能，并且借以提升居住品质，现代大宅业主相当重视居家隐私，而智能家居控制系统最大的优势就是具有远程监控的功能，这让大宅业主可以超越时间和地点限制，在工作或者出差、旅游时，完全不借他人之手轻松远程遥控家居设备，掌握家中情况。

智能安全防护设备

即使大宅的安保工作已经相当严谨，但对业主来说，居家隐私和安全仍是不容一丝疏漏的，在为大宅规划智能安全防护系统时，要考虑生活中可能发生的各种意外状况。最基本的防盗设备搭配监控摄像机能保证进出门安全，同时能掌握家人居家活动状态。预防灾害部分包括燃气自动截断阀，火灾意外时疏散警报提醒，即时自动切断高耗电危险电器，水位监测及警报等，结合各种传感器、监控器及远程控制，从整体家居考量打造全方位的安全防护网络。

防盗监控，有效管理

防盗在大宅安全上相当重要，智能安全防护系统与物管中心连接，有任何状况都能及时协助处理，并且整合居家所有的防盗设备做更全面的防护，包括电子门锁、监视器。同时还能串联智慧家居系统，在解除安保时连动开启空调、音乐等各种家电，自由设定灯光开启时间，形成有人在家的氛围，另外配合监控摄像机能让业主随时查看家中情况，以便掌握长辈及小孩居家安全。

安全防灾，居住安心

灾害警报系统也是确保居住安全重要的一环，家居设备要能连动做紧急应变，比如厨房是家中最容易发生灾害的地方，烟雾传感器设备监测到异常烟雾及燃气泄漏时，系统将自动切断家中的燃气总闸，并及时通知物管中心及业主，其他像是自动断电避免失火，关闭水阀门避免地下室、洗衣房或阳台淹水等设备，都能在突如其来的意外情况发生时发挥作用，避免灾害扩大。

智能照明控制系统

　　智能照明技术已走向成熟，无论是从控光、造型装饰还是从省电节能的层面来说，都在不断地创新发展，以满足现代人在照明上的各种需求。目前智能照明系统，不仅能用手机控制灯泡开关、调控灯光颜色还能远程控制。未来智能照明系统更要从使用者的角度思考人性化需求，并结合人工智能自动化学习提前预判使用习惯，让居住者能沐浴在舒适自然的光线之中。

善用智能，营造情境

　　在以人为本的理念下，智能照明系统根据人类的心理、生理需求，或者根据传感器提供的数据，自动调整出舒适的色温及亮度。因此设计师要善用智能照明系统营造居家氛围，根据用户的日常习惯、时间、区域场景控制照明系统以满足各种居家生活情境需求，比如玄关迎宾照明模式、阅读模式、卧室睡眠模式等，或者根据光照时间、季节变换色温，不但为整体氛围增温，也能触动当下的感官情绪。

延伸功能，兼顾安全

　　延伸灯光的应用功能，特别是家中有老人、小孩的家庭可将动静传感器整合入灯光开关，作为居家安全或者警示防护装置，比如夜间老人或小孩起床时，自动触发床边传感装置，进而启动夜间指引照明，或者通过定时设定，出远门时能自动开关光源；当通往位于地下室的酒窖、影音室时，门旁连动传感器将楼梯灯打开省去寻找开关的麻烦，如果讲究光线的话，可以再细致深入设定灯光照明时长、色温、亮度。

舒压观息
打造轻松生活

对大宅居住者而言，家就是最好的舒压空间，而在居室中最具舒压功能的，莫过于浴室了。所以大宅的卫浴空间已经不再局限于满足基本的洗浴和如厕用途，而是以身心健康为导向来进行整体规划，因此一应俱全的水疗（SPA）设备已成为顶级私人卫浴空间的必要设备。设计师在规划时，不能只一味地追求豪华的设备，而忽略后续保养维修的烦琐，给业主造成困扰。现今大宅卫浴引入生活化的概念，让浴室成为卧室的一部分，在沐浴结束后给予业主一些空间和时间，让他们能够坐下来好好梳理、休息，或者跳出制式卫浴的规范，创造一个具有复合功能的空间，置入健身房或者书房，借由情境氛围的转换，达到舒压放松的身心目的。

洁具品质，彰显个性

生活富裕的大宅业主特别看重身心健康，卫浴成为现代大宅业主舒心养生的重要空间，大宅中的卫浴设备应高度人性化，要给人以舒适的感官体验，同时更要展现精密工业的美学工艺。大宅卫浴设备讲求个性化，通过以个人需求为主导的设计思维打造个性化卫浴空间。

功能独立，便捷舒适

大宅卫浴在整体空间中的占比日益增加，由此可以看出通过沐浴舒缓压力对大宅业主的重要性，卫浴设备要依照使用习惯来做适当的配置。大宅卫浴空间较大，在开放空间里面务必要依照盥洗沐浴的使用流程来安排好各功能区域，同时在安全、卫生的基础上做到独立性，让盥洗台面、淋浴区、泡澡区、马桶区各自独立，达到干湿分离的状态，让家人可以在互不干扰的情况下共享卫浴空间，设备也能发挥最佳的功能。

台面设备

盥洗台面如卫浴空间的门面，镜面、台盆及台面的各种设计组合及其在质感、美感上的表现，展现业主隐而不显的私人品位，同时与其他卫浴设备共同表现整体空间特色，是卫浴空间中最能展现创意的区域。其中台盆精品化与科技化的趋势在大宅卫浴中充分体现，兼具实用性与装饰性，与台盆密不可分的台面关系着使用时的方便性与外形线条的流畅度，特别要注意盥洗用品的收纳规划，要使台面保持有条不紊的状态，只有细节处讲究精致，才能展示出大宅业主的生活态度。

顺应习惯，从容使用

盥洗台面配置规划要适应不同区域，由于大宅卫浴不受限于空间尺度，主卧卫浴能以男女主人各自的盥洗习惯及喜好强化个性化的设计，现今主卧卫浴大多采用双台盆、双镜面的配置，这不只是为了增强空间造型美感，从设计概念上来说更是将功能对应个性化使用需求，夫妻之间不必互相迁就生活习惯，可以各自优雅从容地盥洗整装。儿童房与老人房的盥洗台面则要留意高度，使用的方便性和安全性是主要考量因素。

管理细节，成就质感

卫浴盥洗台面是摆放个人瓶瓶罐罐最多的地方，要做好规范管理，妥善规划收纳柜，每件物品都有条不紊，才能称得上大宅的配置。比如，使用过和未使用的毛巾如何收放，日常使用的吹风机、体重秤放置在哪里使用方便，这些看似不起眼的细节，都是大宅设计师必须考量的。

浴缸泡澡设备

　　浴缸是卫浴空间中最能带来舒压效果的设备之一，可以让业主在忙碌与紧张的工作后，通过顶级浴缸达到治愈效果，从而使业主在私人空间中获得充分休息。浴缸的尺寸、深度及造型都会关系到泡澡的姿势从而影响舒适度，由于大宅业主追求非凡的沐浴享受，因此从大尺寸浴缸到具有各种功能的按摩浴缸皆能带来不同体验，所有的设计均指向一个最终目标，即让大宅业主在家也能拥有专业 SPA 般的高级享受。根据大宅业主的使用习惯选择一个合适的浴缸，是营造舒适卫浴空间的先决条件。

先进科技，极致体验

　　浴缸的实用功能已经无法满足大宅业主的需求，因此浴缸除了众所皆知的按摩功能外，现在更朝向电子化、多功能性的趋势前进，包含绵密气泡、振动声波、自选音乐等功能，选择上要思考设备功能带来的感官体验，是否能满足业主的独特需求。由于按摩浴缸的管线分布于底部，因此配置的位置可以随心所欲，将其放置在采光与景观俱佳的区域，借助风景创造极致奢华的泡澡体验。

质量兼备，提升感受

　　为大宅配置浴缸绝对不能忽视美感，家具化的设计形式使浴缸成为卫浴空间中的焦点主角。独立的单体浴缸及嵌入式的按摩浴缸，是许多大宅配置浴缸的选择。独立浴缸材质多变、造型多样，可以打造与众不同的个性化风格空间；嵌入式按摩浴缸功能多元，可以设计泡澡平台，安排蜡烛、香氛或是装置艺术品，营造舒压的泡澡氛围。不同形式及造型的浴缸，不但能在外观及人体工学上带来全新的感受，在空间造景上，更提升了整体空间的艺术价值。

淋浴花洒设备

有别于用浴缸泡澡时被水包覆给人的抚慰身心的温暖，淋浴花洒则通过水流与肌肤的接触冲击褪去你一身的疲惫，有些业主有晨起淋浴的习惯，淋浴花洒可以为其提供便捷舒畅的沐浴时光，使得淋浴间在大宅卫浴空间中扮演着不容忽视的重要角色。

数字功能，控制温度

从功能上来看，为了给予大宅业主舒适的淋浴体验，出水方式是淋浴花洒的选择重点。随着数字化技术的革新，淋浴系统可实现水温记忆、按摩喷头、自动控温等，花洒则要按照使用需求控制大小和水量，现今技术则将自然界水流给人的清爽感受带入。同时结合情境调节技术，融入灯光与香氛，一次满足业主视觉、嗅觉与触觉多重感官享受。这些体验皆能通过直觉性的操作达成，否则就失去了让卫浴生活创造舒适体验的意义。

排水设计，保持干爽

卫浴空间湿度高，独立的淋浴间可以使卫浴空间保持干爽，位置规划上依照盥洗、淋浴、泡澡的流程配置动线，与浴缸距离要适当，以便让转换过程更为顺畅。无门槛的淋浴间设计不仅能呈现视觉上的简洁质感，更是从使用者角度思考的通用设计，同时提高了进出淋浴间的安全性和方便性，无门槛淋浴间设计除了排水孔的位置和泄水坡角度，最重要的是截水槽的设计，其截水深度及覆槽盖材质都必须要注意，不要让水流溢入室内，同时也要兼顾空间风格及质感。而排水孔的设计也是不容忽视的细节，一般都要加上覆孔盖，其材质多为不锈钢，其颜色多与地砖同色。保持舒适干燥是卫浴空间的原则之一。

马桶设备

　　若要深入探究舒适卫浴，那么马桶绝对是最私密、最个人的设备之一，甚至是许多大宅业主最在意的卫浴设备。无论多高的身份地位，每个人每天都要与马桶亲密接触。借由科学技术以及工业设计的发展，马桶的功能与外形都朝向超乎想象的设计趋势发展，其精致的质感能与各种高端大宅风格相互匹配，展现出令人赏心悦目的卫浴美学。

因人而异，舒适优先

　　马桶选择首要考虑功能，搭载现今尖端科技的马桶功能更加多元化，为大宅业主选配时要注意是否贴近业主年龄层的使用喜好。年纪稍长的人们注重清洁力与如厕舒适度，像是温水洗净功能、调节温度的温热坐便圈及暖风烘干功能，让长辈有温暖的贴心感受；青年人群较重视外形与智能科技，现代感的简约线条和搭配灯光音乐、自动感应功能等设计，符合现代青年人群的生活习惯。要提醒的是马桶与日常生活密切相关，选择时仍要回归使用，以实用、如厕舒适度为首要。

位置高度，人体工学

　　现今大宅马桶形式常见单体和壁挂两种形式，单体式特点为静音且冲水力强，壁挂式不与地面接触清洁维护更为方便，卫浴更易维持干净美观。安装马桶设备要注意是否符合业主的体型条件，其中壁挂式马桶的安装高度决定了使用的舒适程度，除了一般认知的舒适高度之外，更要因人而异来调整高低。马桶位置要依实际面积做动线规划，离台盆不宜太远，尽量将其规划在房间角落，保证使用时的安全性和隐秘性。有些人喜欢如厕时看书、玩手机，因此要留意光源的位置要在马桶前方，这样使用时才不会挡住光线。

四大舒压设备
打造健康生活

在为大宅业主打造居家空间的时候，虽然要尽可能贴近需求，但也不能完全依照业主的想法来规划，身为大宅设计师要用设计思维引导他们的想象空间，创造前所未有的精致奢华感；这里所谓奢华并非华美炫目的装潢，而是能让身心压力全部释放的空间，必须紧扣每个设计环节才能达成，而配置适合的家居设备正是提升生活质量重要的一环。除了设备带来的便捷生活，大宅业主更在意金钱买不到的健康，要想利用设备打造舒适健康的生活环境，就要从重视感官知觉开始。

健康饮食，贵在安心

生活水平较高的大宅业主，对饮食健康相当关注，对食材的新鲜度和饮用水的品质要求严格。因此对厨房和净水设备相当重视，包括食物的分类保鲜、炉火的安全、油烟的抽排及水的净化等。而"下厨"也是许多大宅业主的嗜好之一，因此厨房逐渐取代客厅成为社交场所，动辄上万的厨具设备讲究的不只是实用功能，材质配备和造型美感都要能彰显身份品位。饮用水对大宅业主而言更是至关重要，全屋净水系统已成为标准配备，以求口感更好、更安心的饮用水质。

合适温度，怡然生活

面对不稳定的外在环境温度，大宅业主更想要自己掌握居室的空气品质及温度，空调设备虽然能调节温度但只能进行室内循环，无法让空气真正流通。在为大宅配置中央空调时，要进一步设想到空气品质的维持，万一家人生病时，空气换气处理设备若能搭配室内空调系统，便可以将空调的功能效益发挥到最大。空间温度决定居室的舒适度，地暖几乎是现今大宅的基本设备，尤其对于家中有老人和小孩的家庭来说，在寒冷冬天可以避免低温造成的身体不适，并且可以维持良好的血液循环，给予健康舒适的好空间。

厨房设备

现今许多大宅厨房与生活空间的界线已渐渐模糊，厨房与客餐厅结合的新概念为业主提供了崭新的生活体验。这类社交型厨房的厨具选配关系着空间品位和生活品质，颠覆了已往厨房以烹饪为核心的思维，融入了社交、联络家人情感的功能。将客厅装饰材质引入厨房，使空间感受上更为温暖而贴近生活；在设备规划上，则针对使用者的需求做调整，让功能层面达到完善，使得客厅的社交功能与厨房的烹饪功能和谐交融。

人性化功能，美观实用

搭配顶级材料和先进设备的精品厨房设施仍要以实用功能为核心，设计必须从使用者的角度考虑，结合人体工学并根据需求定制细节，例如量身打造的厨房台面，让备菜、洗菜时不须弯腰；灶台面位置较低，烹饪时不用抬手便可轻松完成，这些都需经过缜密计算。另外，厨柜需放置许多电器设备，抽屉门板使用频率较高，柜体的承重能力、合页的缓冲及顺畅度，触摸时的手感、质地都要展现工艺品般的精致，为大宅业主选配时务必和厨柜厂商仔细沟通。

打破界限，情感交流

在为大宅业主配置厨柜时，可以从强化人与空间的相互关系，增进交流、凝聚情感的方面来考虑，重新思考厨房与烹饪的定义。在维持厨房动线合理的原则下，打破厨房既定的规则，可按内"中式"外"西式"厨房设计规划，以满足多元烹调需求，整体规划配置可依需求和爱好调整设计，模式可以更灵活有弹性。其中，外厨房西式吧台的中岛可以满足大宅厨房的社交需求，台面除了能当成备餐台使用，当主人下厨时也能成为聊天聚点，或是加装炉台、水槽增加主客之间的交流。其他像是收纳工具柜可采用展示型设计，使其能陈列大宅业主所收藏的厨房用具，而家电则采用隐藏式设计，使厨房融入整体空间，诠释现代新大宅生活的独特魅力。

空调设备

随着生活品质的提升，大宅业主对室内空调设备的要求不只是温度，还有环境恒定，目的是使每个角落的舒适性保持一致，这包括温度、湿度的恒定和室内安静程度的保持。在多种空调类型中，早期多用于大楼或商业空间的中央空调，因为其先进的技术以及功能良好、配置灵活，近年来成为大宅的首选；而其中家用型变频式空调除了有一般分离式空调的优点之外，其中控面板管理还能让使用者操作起来更加便捷。

均匀恒温，高度舒适

现今大宅大多配置变频式空调，一部室外机就能控制多台室内机，室外管道简洁、室外机位置要求简单，搭配隐藏在天花板中的吊顶式机体，使整体空间风格更为简约美观，对于重视建筑景观及空间质感的大宅业主而言，变频式空调无疑是最佳选择。家用型变频式空调每台室内机有一至两个出风口与回风口，使气流循环延伸到每个角落，可以较好地保持恒温状态，也使室内温度更加均匀。变频式空调要与室内设计工程同步进行，并搭配专业管线设计与施工团队来完成，设计师在设计初期就要严谨地规划好出风口与回风口，否则舒适度就会大打折扣。

换气设备，净化空气

随着健康和节能观念的兴起，大宅业主对居家环境空气质量更重视，不但空间温度要舒适宜人，空气更要干净清爽。其实室内许多家庭用品、装潢材料等，都可能释放有害健康的物质，室内空气污染可能不比室外轻，配置空调设备之外搭配空气换气处理设备，可引入含氧量高的室外空气，保持室内空气含氧量。有了这套设备进行室内外空气交换时就可同步过滤和调控温度，可减少空调系统运作的负担，进而节省空调用电量达到节能的效果。

地暖设备

　　地暖已经是现今大宅的标配设备，它的优势在于当地面加温与空气进行热对流时，仍能保留空气中的一部分水分，不会让人感觉过于燥热，加上其隐藏于地下的安装方式不占空间、安静无声，能形成一个高质量的舒适空间。严寒气候容易造成身体不适，地暖系统利用空气热升冷降的原理，达到了中医说"温足而凉顶"的养身要求，特别是家里的老人、小孩对温度的自我调节能力较弱，地暖从地面以热辐射的形式提供均匀的热量，家里也不容易滋生细菌和真菌，还能为容易过敏的小孩及患有风湿的老人提供体感舒适的生活环境。

缓解潮湿，干燥舒适

　　地暖设备主要有电地暖以及水地暖，电地暖安装和维护较为方便，几乎适用于各种材料，如地砖、大理石、木地板等，居家适用范围较广。家中最潮湿闷热的区域就是卫浴空间，尤其是开放式主卧卫浴搭配地暖系统，在地砖底下的发热电线能快速蒸发多余水分，减少卫浴沟缝发霉状况，保持地面干爽，不会让湿气影响到寝居空间的舒适度。像是靠近山区或者楼层较低的房子较容易受潮，安装地暖系统能降低室内湿度，给予居住者更干爽舒适的生活体验。

导热材质，各取所需

　　安装地暖设备要留意不同材质地面的导热性，地砖、石材地面导热性高，升温速度较快，相对散发的热量也较快；木地板导热性差，保温性比地砖好。地砖有很好的稳定性，遇高温不易变形；实木地板在受热之后如果温度变化过大，很有可能会变形，复合式实木地板相比之下稳定性较好，设计师可以根据需求选择地面材质。但要注意的是，选择复合式实木地板时一定要挑选优质的环保地板，并注意甲醛释放的状况，最好在启用地暖前对室内进行甲醛检测。

供水设备

水污染是全球问题，即使自来水厂已经将水中的有害物质清除了，水在输送到业主家水龙头的过程中，老化的水管或者疏于清洁的水塔都会使水受到二次污染。大宅业主对居家用水的要求不仅限于饮用水要纯净，洗涤、沐浴、烹煮等日常用水也要干净无污染，居家用水健康与否，取决于净水设备规划。

量身定制，满足用水需求

市面上的净水设备有各式各样的滤水方法，原则上要达到过滤污染物及微生物，去除重金属、杂质和异味以及消灭病毒和细菌。在为大宅住户规划净水系统前务必先了解每一种净水器的功能原理，再依不同地区水质状况、家庭用水人口及生活需求、使用习惯做最适合的选择，最后交由专业人员施工安装，另外还要注意品牌商一定要能提供完善的维修及售后服务，这样才能长久维持干净健康的水质。

生活用水，全面净化

每人每天的生活用水量比饮用的量多，因此设计师需提升业主过往只净化饮水的观念，进一步配置全屋净水系统，将流进住户的自来水经过净水设备进行过滤净化，在不同的用水点供给住户安全洁净的饮用水，以及盥洗沐浴用水及清洗用水等所有生活用水。一般来说全屋净水系统先由前置杂质过滤器解决管道的二次污染，降低水中有害物质含量，再经过中央净水机除去水中氯离子，然后经由软水机除去钙镁离子提升用水的品质，最后通过橱下型直饮净水器提高饮用水的纯净度，利用定制系统化的净水设备全面处理生活用水，让用水健康得到保障。

趣味设计
丰富娱乐生活

为了缓解平日繁重的工作压力，许多大宅业主在工作之余，会通过休闲娱乐调剂身心。有些人喜欢静态休闲，有些人则热爱户外活动，越来越多懂得生活的大宅业主开始注重家庭娱乐空间，期盼在家中能有一片天地，用于自在放松地与家人或者好友共享生活乐趣，形成一种私人聚会形式的社交及生活方式。大宅业主的休闲娱乐具有相当的深度和广度，从艺术画作、精品珠宝、名表到美酒名车无奇不有，而且对于自己长久以来培养的兴趣爱好有一定的见解，因此为大宅打造休闲娱乐空间时，更是需要依照个人爱好量身打造。当然，设计师无法触及所有领域，在这部分要做的是，以自己空间设计的专业角度，与各项相关专业人员进行沟通协调，相互合作，让空间美感和专业设备达到理想的平衡状态。正如方才所提，大宅业主的休闲娱乐相当广泛，这里以影音娱乐室、私人酒窖及车库为例来说明，如何打造彰显自我品位的专属空间。

影音设备，专业配置

在大宅业主的休闲娱乐中，影音设备几乎是每个大宅装修的标配，举凡音乐鉴赏、影视剧欣赏或是 KTV 等，都能让人在影音艺术中彻底放松，并令身心愉悦。完美的视听影音，绝不是简单地将高端设备放进空间里，其中空间和设备之间的规划配置包含许多专业知识，两者的配置决定了影音设备最终的呈现效果，设计师除了设计搭配影音设备和空间规格之外，还要以一位整合者的角色统一风格，这样才能发挥设计师的价值所在。

有形空间，收纳奢华

品尝美酒是大宅业主非常重视的社交活动，当品酒成为一个共同话题时，就有可能形成各种商机或促进联谊。近年来红酒文化在亚洲地区蔚然成风，私人酒窖因此备受大宅业主青睐，它不仅为爱酒人士提供存放美酒的空间，通过设计师精心打造，酒窖也成为大宅中赏心悦目的风景，可彰显大宅业主闲暇之余的非凡品位。随着现代科技的发展，需要严格控制温度与湿度的酒窖不再局限在地下室，设计师更是将酒窖当成艺术品空间般一展创意，但设计之前要对设备的功能及所需条件有一定程度的了解，将功能需求与空间风格并行思考，才不会在专业设备和风格美感之间失衡。

彰显仪式，品味质感

现今大宅的停车场也大多有独立车库设计，以保护大宅住户隐私，满足其不让爱车曝光的需求。对一些大宅业主而言，车库不但是日常使用非常频繁的公共区域，也是存放爱车的重要地点，空间的实用功能、风格及人性化的设计细节，都需要体现高规格的生活质感。

影音设备

影音娱乐空间不仅涉及美感、舒适度，还涉及人们在空间中的视听体验效果。影音娱乐空间中影音设备的配置需要专业知识和经验，只专注于器材设备或者装潢美感，却没有考虑到空间和音响器材之间的关系的话，是无法让业主真正享受到影音娱乐空间带来的乐趣的。这里要强调的是，要规划出优质的影音空间将视听品质发挥到极致，在着手规划之前务必与专业视听规划师进行沟通，并于完工后做视听测试和调整，只有这样才能得到理想的影音娱乐空间。

按照配置，调配设备

为追求视听影音效果及风格完美的一致性，事先规划相当重要，传输连接的线材及器材，灯光调光的设计，布幕开关的位置等这些细节，设计师都必须事先与视听规划师进行充分协调，这样才能确保最后呈现的效果。大宅大多设置独立影音室，规划时要考虑到空间条件以及个人爱好需求，无论是以聆听音乐、观看电影为主，还是着重唱歌，用途不同所应用的空间材料、影音设备也会不同，它们的设计搭配关系到声音控制与影像呈现的效果，设计师应创造出适应各种活动的优质空间。

适当材料，缔造完美音质

为了达到最佳影音效果，就要把控好影音室装修中最重要的环境规划，包括隔声、吸声及声音扩散的设计，有效阻隔内部声音以免影响其他空间，同时要防止外面噪声干扰视听，并且要克服室内反射噪声，以使影音室里的音质更加纯粹，这些都包括了材质的选用与家具装饰的配合，因为错误地选择装修材料会影响到吸声率。一般来说，地板以木质为佳，抛光石英砖、大理石都容易产生共振，吸声效果较差，若在座位附近铺地毯来辅助吸声，效果会更好，而座椅则推荐选择皮革材质的，这些都需依靠专业的影音空间规划知识。

酒窖设备

　　酒要通过适当的保存才能释放它应有的风味，酒窖就是创造一个可调节的保存环境，恒温、空气流通、避光防震等，都是酒窖必须要具备的基本条件。要想量身打造一个专业的私人酒窖，就要在室内设计的时候提前进行规划，因为这涉及设备定位、水电布局、保温处理、风格造型等要素，需要与专业的酒窖设备规划人员协作，事先做好系统配置设计。大宅借助私人酒窖提升价值，彰显个人品位，还能成为可典藏传承的家族经典。

理想环境，保存佳酿

　　为大宅业主打造专业级的酒窖，首先要考虑的是保存条件以及从藏酒的数量来决定酒窖的大小和位置，因为过高的温度会影响酒的品质，温度凉爽、低光照是酒窖的必备条件。虽然阳光直射的地方不适合配置酒窖，但随着恒温、恒湿控制系统的发明和技术提升，现代酒窖设计能满足业主个性化的需求，位置已不再受到局限，可以设置在大宅的任何地方，也不再是特定的独立空间，可以将其设置在墙角或者楼梯下方，但在温湿度方面要加强管理，确保酒窖发挥其应有的效能。

专业设备，细腻恒温

　　从功能层面来看，由于温度是酒窖最重要的控制因素之一，内部规划时要依照所在环境留意墙面隔热保温性能，以保持室内的凉爽温度，同时搭配有调节湿度功能的独立空调设备，并注意空调的风口位置和排水位置。内部灯光不宜过亮，一般情况下需要保持微弱的光线，尽量避免过强或者热度过高的灯光，以免影响酒的品质。专属的酒窖空间中，要打造专业展示架，将酒分门别类放置，以维持酒类最佳香气，这些也都需要与专业设备厂商共同评估规划。

车库设备

近年来大宅业主对于休闲生活越来越重视，对拥有收藏超级跑车、重型摩托车及名车爱好的人来说，希望车库能展现其收藏，因此车库规划设计能从一定层面体现大宅真正的品质内涵。

人车安全，全面考量

车库门禁系统、监控设备，是保护住户安全及隐私的重要设备，选配时要注意人车安全，它们需具备防范自然灾害及突发状况的功能，像是抵挡强风吹袭保护车辆，在有猫狗闯入时异物感知装置会及时提醒。为了适应大宅业主各种款式的爱车，车道宽度及车库尺寸必须要能游刃有余地应对各种底盘高度及车型尺寸的车辆进出。如果是位于地下室的车库还要特别留意空气循环系统、换气设备等，避免出现潮湿不通风的问题，这里还要考虑到车库天花板管线整体布局，让井然有序的管线展现大宅对细节之处的讲究。

延伸功能，便利贴心

从使用的便利性来看，大宅车库可以作为家庭储藏空间的延伸，利用车库畸零空间规划储藏柜，业主可以将平时户外休闲所使用的高尔夫球包、钓鱼竿及露营帐篷等装备收纳在车库，出门时马上就可以整装上车，不用背着器材上下楼。在车库也可以设计简单的接待空间、卫浴或者淋浴间等生活功能区，除了可以作为司机的等待空间，还可用作外来客人临时的休息室，不但能保持适当的礼仪同时也能保护隐私安全。另外，当完成停车动作后，在业主或者宾客下车步入居室的过程中，营造仪式感的设计也是体现大宅尊荣的重要环节。

自然景观
成就无价生活

　　近年来气候及环境变化影响着空气质量和温度，提高绿化面积已被视为减缓全球气候变暖的方法之一。如今大宅不只室内空间大，阳台也很精致，宽敞的阳台成为连接室内、室外的中间空间，运用空间推广绿化的观念逐渐成熟，不少大宅将景观阳台与休闲生活结合，利用大宅景观优势突破空间用途的想象，在阳台进行户外用餐、瑜伽禅修、推杆运动等。在室内外植入环境绿化设计，百米以上栋距造就开阔的观景视野，甚至打造出充满意境的园林景观，不仅为身处都市的大宅增添自然植物带来的视觉美景，还满足了身心健康及环保诉求。

结合绿建，园林入宅

大宅结合绿色建筑施工方法引入空中庭院的概念已非新闻，甚至有人将园林造景的概念植入阳台，从古至今园林造景向来是评价大宅的重要指标之一，其美学风格与当地的人文风俗和思想脉络紧密相关。园林景观是家的一部分，通过专业的园艺造景工程规划，当今大宅也能实现园林入宅的理想。阳台造景需反映大宅业主对于美好生活与心灵层面上的追求与向往，在实际层面要留意排水的妥善规划，希望借助景色如画的造景让大宅业主远离烦扰，超脱世外。

以窗为框，融入艺术

人类对于亲近自然的渴望永无止境，在拥有园林造景之外更要邀景入室，将中国园林的布景概念与室内设计手法结合，以窗为框，以景为画，撷取户外自然美景，实现人与自然环境的和谐共处。要想将自然气息引入空间，植物是最好的造景素材，经过合理的设计、艺术布局与空间借景，可以用木、石等素材模拟山水的意境，或者摆放艺术作品增添质感。在布局之前要思考摆放位置以融入环境，像动线转折处，入口视线接触点，而不是为了造景而造景，这样的景观对空间来说才会加分，才能达到室内室外景观相呼应的效果。

景观阳台

休闲式居家生活的兴起，反映了人们亲近自然的生活趋势。与家人好友的聚会不再局限于室内，可以从客厅延伸至户外的大阳台，在设计规划时应考虑户外环境气候对空间及家具带来的影响，同时根据日照方位和植物的特性，规划植栽营造景观，让阳台延续远方山林海景。

回归自然，在家度假

大宅的阳台常被设计为休闲的空间，而要想将阳台打造成舒适的私人度假天地，家具扮演着至关重要的角色。由于阳台属于半户外空间，需要配置能抵御严寒、日晒、雨淋的户外家具，国际顶级户外家具企业不断研发新材质，以求达到舒适度与耐用度的平衡，新材质几乎能跟木材、藤、麻等天然材质相比拟，仿照东南亚地区的藤编手法，并且采用低彩度的自然色系，打造回归原始质朴的家具造型，呈现极度简约的现代风格。同时，休闲式的户外家具设计上依据人体工学将重心降低，深度加深，使用时身体能自然处于放松的状态。

依光植栽，绿意盎然

运用植物盆栽景观打造充满绿意的休憩场所，拉近人与自然环境的距离。在阳台栽种植物必须依照日照时长、风向和植物习性等，安排栽种合适的植物。户外空间和室内空间的衔接处要注意防水和排水问题，完整的阳台造景要搭配照明规划，依据景观设计营造情境式的灯光，让空间在夜晚也能借助光影来丰富层次。

园林造景

造景绿化具有无可替代的意义，大宅的价值要素不仅包括建筑本身的品质，居住空间的大小以及所处的优越地段，更包括深具文化内涵的园林造景。园林景观布局极其讲究建筑与植物、植物与人、人与建筑之间的关系，连同植物四季色彩的视觉变化，甚至花朵香气的嗅觉体验都包含其中。绝美园林造景能赋予现代大宅更高的艺术价值。

风格美感，共融环境

建造园林即在一定的空间中运用造景手法通过重塑地形、栽种花草树木、立石造湖，以景观师的美学涵养打造具有灵动美感的自然环境，别墅型的大宅有环境条件来实现。园林造景因文化背景不同形成了多种门派风格，且都有各自不同的美学意境，英式、法式等西方园林讲究严谨对称，主要是以平面几何图案式的园林为主；中式及日式园林注重精神意境，是模拟山水风情的自然式园林。风格美感没有标准，完全根据业主的喜好搭配建筑来选择，唯有植物、建筑与人三者和谐融洽，才能达到身心休憩的目的。

专业景观，造就美景

园林造景涉及艺术美学、植物生态学、环境工程学等诸多领域，通过艺术美学和工程技术的结合来协调自然、建筑和人之间的关系。如果大宅业主有园林造景需求，那么要选择经验丰富的景观师来设计规划。景观师要留意户外基地与室内空间衔接处的排水状况，以及水、电力等可能会影响居住生活的项目，除此之外还要替业主考虑庭院后续的养护照料。

引景入室

能从自家不受阻碍地眺望美景，对于常被高楼大厦阻隔视线的现代城市人来说是极其奢侈的事。因此通过空间与环境关系的处理，将户外景色引入室内，不仅借此提升了大宅价值，也形成了人与自然共存的生活环境。只要回到家里，就能感受到置身大自然的舒心自在，这样"回归自然"的室内设计近年来备受关注，更是未来设计的一种趋势。

园林手法，邀景入宅

"框景"是古典园林的构景手法之一，利用有形的框架像空窗、洞门等，选择撷取另一空间的景色，形成如嵌入画框中的一幅画。同样的手法也能运用在室内设计中，落地窗就是这样的道理，如画框般把远处的美景带入室内。虽然现在大部分大宅无法改变建筑商规划的落地窗，但仍可以设计穿透性的格栅或者植生墙等，采取明朝《园冶》一书所说"俗则屏之，嘉则收之"，有意识地设定景框位置，引导视线欣赏为空间加分的景色，展现如画般的诗意风景。

开放格局，与景相伴

运用格局开放的设计手法拓展空间深度和广度，不做多余的间隔，仅通过家具分隔空间区域，让窗外风景的美在室内发挥到极致，让人在每个角落都能欣赏到外面的绝妙美景。植物是制造空间自然气氛的重要角色，在阳台或者客厅窗边培植一些对的植物，运用"借景"的手法，借助远方景致作为衬托阳台植物的背景，景色因此能内外呼应、层次交叠，建立起人与自然的互动关系。

组景布局，室内造景

　　室内造景是大宅设计的重点，利用园林规划设计的手法，将园林景致微缩到室内空间，经过巧妙的设计及艺术性的布局，将室内造景与室外景色结合起来，给居住在里面的人一种回归大自然的感受，同时柔化了装潢线条的生硬感。

斟酌位置，植入绿景

　　室内造景位置与动线格局息息相关，因此设计师要先和园艺师进行充分讨论，只有先确认想要的造景氛围和空间关系，才能为空间创造加分的景致。比如将景致布置在转折处，让人有柳暗花明的惊喜感；布置在入口玄关处，给人探索空间的想象；布置在楼层交界处，让人在游走之间转换心境。运用自然植物时需要配合植物生态习性，选择适当的位置来搭配组景，以展现植物的优美姿态。

艺术生活，水乳交融

　　艺术是空间造景的最佳元素之一，如何将艺术融入的同时赋予空间趣味性？可以用装置艺术或者纯艺术来为空间造景。赋予艺术功能性即装置艺术；纯艺术则纯粹为了观赏，可以是一幅画，一个雕塑。艺术品要融入空间环境才能创造层次，例如可以在走廊尽头制造端景，挂一幅以自然为题的创作，给人以更深远的空间意境，或者运用木、石等天然材料模拟山水意境。利用艺术品造景时要思考艺术品和人、空间之间的关系，意思就是艺术品也要用设计的手法去处理，而不是为了造景而造景，这样造景才会有加分的效果。

第 6 章

材料的选择

质感满分的
关键材料

空间通过材质表现质感，每个人对材质的喜好不同，有人喜欢木质，有人爱好金属，有人则钟情于石材，每种材质都有它与众不同的特质。紫檀、花梨木，花岗石、大理石虽然相当受到大宅业主喜欢，但并不是只有用稀有材质才能表现质感。

在思考雕琢"慢、静、雅、简、善"的设计手法时，设计师会细细琢磨，希望一般木材有最温润的表现，让大宅业主在触摸到它的时候感觉安全舒适。打个比方，在制作餐桌时将边缘处理成45°角，运用斜角弱化桌板的厚度，让使用者手臂触碰到桌子边缘时感觉更为细腻，不会有不舒服的锐利感。

虽说每个人对材质的感受不同，但在打造大宅时，要掌握每种材质的特性，善用手法彰显材质的特质并通过妥善的搭配及处理手法去呈现空间价值，才能真正营造出具有人性温度、大气恢宏的大宅气势，而不是执着于材质的价格或者稀有程度上。

关键材质
选材必学

石材天然纹路展现经典美感

直观感受天然特质：石材的纹理、色彩以及给人的第一印象是挑选的关键。天然石材一定有其风化或是自然痕迹，无论是晶线还是结晶都是一种美感，是量化的产品所无法比拟的。

根据需求挑选质地：石材硬度越高毛细孔越小，产生病变的概率越低，经过研磨抛光后产生的光泽越亮眼；软质的石材质感较雾，相对毛细孔大，将来病变的概率也会越高，因此要根据使用需求来选择。

金属独特个性凸显与众不同

掌握金属多元属性：金属材料包含铁材、铝材、不锈钢材……经由不同的表面处理（喷漆、烤漆、氟碳烤漆、锈蚀处理、氧化处理、阳极处理、电镀、镀钛、镜面抛光……），可呈现出完全不同的质感和色彩，设计师使用金属材料前，只有先对其属性进行深入了解，才能准确地依照不同金属材料的色泽和特性做选择。

发挥独特个性：金属有着其他材料所没有的延展性，这使得金属材料在使用上有更大空间，它可以在很薄、很小时仍然保持一定的强度。在大宅设计里金属扮演着处理细节的角色，设计师可以加入更多地想象力，更好的发挥金属材料的特性。

涂料多元化满足功能与健康的需求

从关键指标判断优劣：现代人追求健康，大多选择环保涂料。优质环保涂料气味应是温和甚至无味的。要注意，气味仅是一项判断标准，选购涂料时建议根据《环境标志产品技术要求　水性涂料》（HJ 2537）从三个环保关键指标来判断：

挥发性有机化合物（VOC）小于等于 50 g/L ；

游离甲醛小于等于 50 mg/kg；

重金属可溶性铅小于等于 90 mg/kg。

应该针对空间选择功能：不同空间应选择不同功能的涂料，公共空间和私密空间墙面应选择附着力强，质感细腻，透气性佳的涂料；厨房、卫浴等较潮湿的空间，建议选择防水、防霉涂料。

局部试刷精准选色：挑选涂料颜色时不要只看色卡，因为成品多半会和色卡有差距。大面积涂刷之前最好先局部试刷一下，试刷能看出颜色实际呈现的效果。

砖材讲究功能与美感

注重整体风格协调：挑选大宅使用的砖材时应考虑砖材的造型、材质、纹理、质感等，是否与整体风格具有一致性，而非单看材料本身。

发挥优势替代石材：一般大宅卫浴会选择大理石材料，但部分石材怕水气，容易发生病变，若选择仿天然石材纹理的大片薄板砖，不仅能呈现类似天然石材的纹理，还具有防潮不易吸水的特性，清洁保养也较容易。

混材个性化定制营造富有细节与质感的居室

搭配比例雕琢风格：同空间避免选用过多种类材质，应有比重及主副之分，使空间呈现主题感与层次感，例如：以木材为主，以砖材及涂料为辅，使空间呈现自然及现代感；又或以石材为主，皮革、金属为辅，可呈现奢华时尚感。

运用手法表现细节：异材质广泛运用在细节上，不管是墙面使用不同材质的镶嵌，还是室内门运用皮革加入金属收边，抑或是地面以多种材质拼贴，都是在大宅空间里经常使用的手法，可以让整体质感更加细腻。两种以上材质拼接混用的拼贴技巧与手法，可展现另一种层次的工艺之美。

经典大气材质
营造空间气势

撷取于大自然的石材种类繁多，历经多年沉积演化，形成浑然天成的色泽与质地，其独一无二的纹理是其他材质所无法取代的，石材能带给空间自然的美感与灵动气息，可展现空间大气恢宏的品位质感，因此被广泛运用在大宅里。

变化手法，展现特质

天然石材除了色系上、纹路上的不同，也会因为表面处理手法的不同而展现不同的面貌。从抛磨的精致亮面、质感雾面，到雕琢的粗犷凿面，所呈现出来的空间个性截然不同。作为传统的设计材料，要发挥石材优势就要掌握其特质，只有善用各种处理手法才能玩味出更丰富的空间表情。

材质进化，表现丰富

石材运用的范围相当广泛，要根据使用的位置来挑选合适的石材种类，要在质感与风格上达到协调与统一。现在为了适应多变的空间风格，研发出了质地轻盈的超薄石材等，让石材的表现形式更天马行空，更能展现设计师创意，使用范围更广。

大理石

大理石本身为天然矿石，浑然天成的纹理展现出它奢华尊贵的气质，与追求稀有度的大宅十分匹配，加上无缝隙的晶化处理，更具有百年传承的品质。大理石硬度虽不及花岗石，但仍比其他石材质地坚硬，并且无论是底色还是结晶体的色泽都较为柔和优雅。其中意大利天使之星大理石，色泽鲜明，纹理变化极大，部分结晶可以透光，可展现大宅极度奢华的独特性。

坚硬经久，展现奢华

天然大理石具有耐磨、防火、使用寿命长等良好特性，而且易加工，能体现石材的卓越品质和艺术气质，细节收边也能得到完美处理，因此拼接效果好，可作为墙面、台面、地面等表面铺装材料，是一种能够展现高端空间设计的材质。

天然孔隙，强化防护

大理石纹路明显，大面积使用需对花、对纹，因此会产生损耗。由于天然矿石的毛细孔会吸收空气中的水分，需要针对不同种类石材进行防护处理，不然会造成大理石变质。而意大利天使之星大理石价格高，透光与不透光区硬度不同施工难度较高。

超薄天然石材

　　超薄天然石材是针对有限矿产资源制作出的薄片，是一种装饰性环保材料，是采用天然分层性岩石制成，有云母与板岩两大系列。云母系列带有金属般的光泽；而板岩系列则具有肌理感，质地纯朴能表现大宅的简约大气，可满足大宅业主用石材打造空间气势的渴望。

操作简易，多元应用

　　超薄天然石材质地轻薄，解决了传统石材过重的问题，不但可减轻主墙负荷，又可呈现石材自然粗犷感。可以将其作为柜体、门板表材，与各项五金配件相容性极佳；超薄天然石材因含有独特玻璃纤维，稳定性极佳，可依照现场所需尺寸裁切或钻孔，比起传统石材操作简易。

异材收边，延展纹理

　　超薄天然石材在立面大面积使用时，无法像天然大理般对花、对纹，分割大板时衔接处要采用异材质收边，合适的设计手法能让其质感更上一层楼。

花岗石

花岗石是火山岩浆在地表下冷却凝固形成的，经过地壳隆起露出地面。从花岗石的名字就可以看出其材质特性，白色、褐色及黑色结晶点状构成花色，纹理均匀分布，质地坚硬，耐磨系数高，一直是展现大宅豪华气派不可或缺的石材。

色泽美观，华贵气派

花岗石的硬度与密度比大理石高，因此有耐刮伤、耐磨损的特质，保养上也较为容易。由于它的密度很高，污渍很难侵入，常用在地面及台面。花岗石容易切割塑形，具有很好的研磨延展性，抛光后的花岗石大板呈现高光泽反光效果，是相当优质的材料。

重复纹理长，价值略低

虽然花岗石是天然石材，但是纹理单一，重复性很高，在同种类的石材中几乎都可以找到相近的纹理，相对缺少大宅追求的独特性，艺术价值感不高，须谨慎使用。

水磨石

　　严格来说水磨石并不是特殊高级建筑材料，它是将天然碎石、碎玻璃、花岗石或石英石的石屑等骨料拌入水泥，成形后再经表面打磨抛光，制成的一种带有镶嵌石材纹理的铺地材料。水磨石早期被视为低成本的亲民材料，后来被国际建筑师重新开发，并以现代手法搭配运用后，成为跃上国际舞台的热门材料。

现代手法，尽展时尚

　　水磨石含有多种天然碎石，可调和多种基底色，容易与空间主色相融合，能展现丰富的视觉层次，通过设计手法能使当代大宅流露复古时尚的韵味。水磨石平整度、耐磨度都比一般石材好，是很好的装饰石材。

定期养护，常保光泽

　　水磨石的水泥和石材中间有空隙，因此需注意吸水率与渗透率问题，如果将红酒或颜色较重的液体滴到地上，会很快渗透下去，较难清洁。另外，水磨石容易磨损，要定期打磨抛光养护，以维持其光滑明亮的质感。

个性特殊材质
塑造独特风格

室内设计材质随着科技发展及技术的提升更加千变万化，演变出突破传统的特殊材质。材料的演化方向大致归纳为两个：①研发出的新材质替代天然材质。原本撷取于自然环境的材质，由于开采过度以至于原材料逐渐匮乏，因而研发出替代的特殊材质。②传统材质特殊处理。既有的传统材质，经过先进技术的处理，呈现出不同的材质肌理，实现了设计师在空间对于材质运用的想象。

健康趋势，环保材料

现代人的健康意识逐渐提高，加上创新技术涂料本身可以替代其他材质的表现，以及施工处理方式更为便捷，使用天然矿物制成的涂料已经是必然的趋势。

天然皮革手感温润高雅，是展现内敛氛围相当好的素材，但动物保护观念兴起，人造皮革更符合全球趋势，利用现代技术加工出的人造皮革已能比拟天然皮革的质地手感，还有多种的纹理可供选择。

特殊处理，全新肌理

不锈钢、玻璃等都有其无法取代的特性。不锈钢通过压纹或者染色，可呈现截然不同的表面质感，能适应大宅追求多变空间风格的搭配；清透玻璃是延伸视觉空间营造轻盈利落质感的材质，经过表面处理就能展现不同效果。而镀钛不锈钢的华丽的光泽、坚硬的质地，是处理大宅细节收边的完美材质。

奢华织品，艺术气氛

以高级定制女装为内涵的家饰品，虽然价格不菲，但其繁复华丽的花纹，能表现奢华气势及艺术感。

水性涂料

用天然石灰粉及天然矿物制成的水性涂料，能应用在室内及户外，可创造出许多特殊质感效果，像是仿清水膜、仿多种石材，甚至是金属或者壁纸的质感。因此水性涂料能依照大宅业主独特的需求，定制出独特的质感纹理，创造具有艺术价值的质感空间。由于这种涂料透气性佳，除了具有保护墙体的功能，也具有防霉、抗菌与平衡室内空气湿度的功能，对于特别看重健康的人群而言，是很不错的选择。

质地稳定，安全无忧

水性涂料可以仿造多种材质，较一般涂料有更高的硬度与抗压强度，可塑性与延展性也较高，可配合不同工具使用，辅以刷、滚等不同技法，可以定制压纹，设计师能不受空间限制发挥创意，创造超越大宅业主想象的空间。

手工质感，专人施工

由于水性涂料强调漆面的手作感，无法复制，因此需由有专业技术人员施工，只有这样才能使空间设计呈现艺术感及独特性。

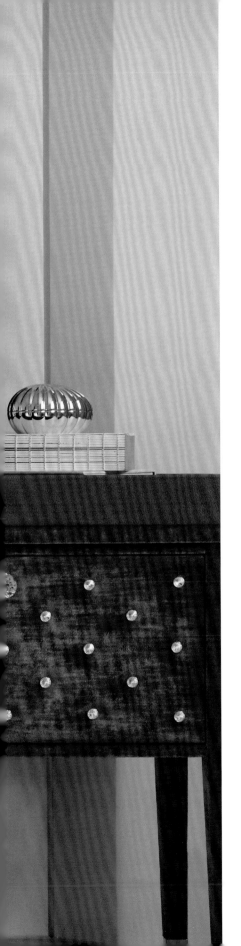

壁纸、壁布

　　壁布有缤纷的色彩、繁复的花纹，以及精致丰富的触感，常可见丝绒与金线交织，或者以高级绸布织成图纹，让人可以从织品中嗅出顶级服饰华丽的艺术气息，将其运用在空间中能表现大宅时尚奢华的极致生活。

华丽图腾，重点装饰

　　壁纸、壁布强调古典艺术感，图纹相当繁复华美，质感也非常细腻扎实，极具艺术表现力，可在空间中进行重点式点缀，能满足高端大宅追求独特及个性化的需求，可提高大宅的尊荣感以及趣味性。

细腻调配，平衡比重

　　由于壁纸和壁布图纹及色彩繁复华丽，将其搭配运用在空间时要注意配比，若是搭配比例不适合，容易使空间风格过于强烈，甚至给人俗气的感觉。

镀钛不锈钢

镀钛不锈钢是大宅中常见的装潢材料，它通过物理气相沉积（Phsysical Vapour Deposition，PVD）技术赋予不锈钢表面色泽光亮的质感，是一种无污染的环保材料。这种极富科技华丽感的金属材料，深受大宅设计师的喜爱，镀钛不锈钢板常被应用于壁灯、橱柜等家具细部装饰。由于镀钛不锈钢板具有钢铁般的坚硬质地且装饰性强，非常适合用于异面材质的拼接搭配组合。

精致耐用，可塑性高

具有华丽质感的镀钛不锈钢不但外表美观还抗潮耐光照，不易褪色与脱落，能长期保持大宅精致度。镀钛不锈钢有各种颜色、纹路，可以搭配多种风格，而且具有良好的可塑性，能弯曲延展不易断裂，维护保养上也相当容易。

适当配比，避免过奢

镀钛不锈钢的金属光泽十分抢眼，其在空间中的占比需妥善拿捏，否则可能使空间感过于冰冷，或者过度华丽流于俗气。

不锈钢

在大宅设计案例中，不锈钢的加工处理方式多元，其在设计中的应用有非常多的可能性，其中最常使用的是不锈钢压纹与染色。不锈钢压纹可以根据业主要求来定制多样的花纹。不锈钢电镀染色也是一种常见的装潢手法，通过控制电镀时间、炉内温度、药水调配等因素来控制呈现效果，只要些许的差异，就会对不锈钢颜色产生极大的影响。

多种手法，变换触感

不锈钢压纹有上百种，若是重点使用，能强调空间的时尚感与未来科技感。不锈钢染色同样依照设计师喜好调整锈蚀程度及色感，其表面触感粗犷但能保留其金属感，将独特质地的染色不锈钢用在主墙能凸出空间的主题。

独特质感，投其所好

表面未经处理的不锈钢不耐刮且刮痕无法修补，但经过压纹处理后的不锈钢即使有刮痕也不明显；而染色不锈钢呈现略带锈蚀的质感，这并非所有人都能接受，设计之前必须要和业主充分沟通。

人造皮革

或许有人会对人造皮革提出质疑，但新一代的大宅业主，更懂得什么是对地球环境更好的选择。近年来人们的动物保护意识逐渐提高，人造皮革也开始受到瞩目。随着现在技术的进步，人造皮革表面工艺与基料的纤维组织和天然皮革非常相似，因此使用率也越来越高。人造皮革没有天然皮革会有的轻微斑点，这是优点亦是缺点，其表面虽然完美无瑕，但缺少一些自然的质地纹理，其稳定性高及可塑性高的特质，让它可以运用的范围也更加广泛。

质量轻盈，选择多样

人造皮革运用范围广泛，常被贴覆在床头板、墙面或门板上，也可将其作为家具、家饰品的素材，质量较天然皮革更轻，且不容易被损伤，不需刻意保养，用指甲划也不会有明显痕迹，颜色与花纹也更多，还可以配合使用场景生产有特殊功能的材质，使用弹性很大。

耐磨质感，时效有限

人造皮革和天然皮革一样有等级之分，但即使等级再高，人造皮革的表皮仍会有老化、剥落的状况，差别在于时间的长短，由于表面没有毛细孔，好清洁保养，但相对的透气性较差，质地和触感也不如天然皮革自然舒适。

喷砂玻璃

玻璃有清透的特性，是居家空间不可或缺的材料，虽然是常用材质，但只要经过特殊表面处理，就能呈现出多种不同的质感和面貌。喷砂玻璃是一种能保留玻璃透光特性，却不透视的玻璃材质，适合在卫浴或者需要适度保护隐私的空间中使用，其轻盈剔透的特性保留空间感同时提升整体氛围，还能定制雕琢多种图案。

清透光线，朦胧美感

喷砂玻璃可以由设计师选定图案加工以满足设计要求，这种玻璃具有较高的视觉隐蔽效果，透光不透明的特性，让阳光直射到喷砂玻璃上后，产生漫射光，室内的光线因此看起来更加柔和。

清透材质，细腻处理

和其他材质比较起来，玻璃是典型的脆性材料，耐撞强度不高。施工时要留意环境，避免有色污渍附在砂面，以确保成品的最佳品质。

自然手感材质
引入自然气息

　　木材一直是室内装潢不可缺少的重要材料，木材自然温润的触感能为空间带来放松舒心的感觉。木材使用的范围广泛，这使得木材的需求也大幅提升，加上近些年人们环保意识的提高，导致木材的价格攀升。木材种类繁多，并非只有珍贵木材才能展现大宅质感，一个好的设计师要懂得发掘木材本身的特质，细致琢磨出更出色的设计，发挥创意手法的作用展现空间美感。

特殊手法，尽显创意

　　每一种木材的纹理、硬度都不一样，连味道也不同，天然实木坚固耐用，手摸触感温暖，直接使用最能呈现木材自然纹路与质感，但空气湿度和温度变化太大时，实木容易变形、产生裂痕或者发霉，为了展现更丰富的空间面貌，同时保养上更符合现代人需求，进而衍生出不同的木材加工处理手法，其中染色、钢刷都是能凸显木材特质的手法，染色木材用染色剂改变木材颜色但保留了天然木材的纹路，钢刷木材则能让木材手感更佳，处理完的木材经过适当的设计和配置，能为空间增添艺术工艺感，同时创造出独特的空间个性。

丰富木皮，替代实木

　　随着天然林保护政策的落实，可利用的珍贵树种越来越少，这使得实木皮成为珍贵树种的天然替代品。现今实木皮技术愈发成熟，不但品质优异而且种类样式丰富，加上能适应多种表面处理手法，可制造出仿旧粗犷或精致细腻等多种质感的实木皮，而且施工上比实木更为简便，可灵活地运用在室内设计中。

染色木材

现代空间风格多元，为了使空间整体风格一致，将木材通过染色剂改变原有深浅不一的色调或者变换颜色。木材的染色效果会受到染色剂、染色手法及树种等因素影响，而木材本身的渗透性与染色所呈现的色感有密切关系，渗透性高的木材染色剂较能均匀渗透木材，可通过染色手法让木纹更加清晰地表现出来。基本上偏浅色木材较适合做染色处理，而油脂量较高的木种，不易染色，染色后易造成颜色不均，建议依照原色处理。

质地疏密，决定色调

虽然木材种类繁多、色彩千变万化，但并非每一种木材都有出色的染色效果：柽木本身原色较浅、好上色；橡木染色容易，可以双色染色让木材呈现填白染灰的不同质感；黄桧木色浅、吸水性强、颜色均匀，极易上色；胡桃木原色使用较能表现漂亮木纹，因此通常不建议做特殊染色。设计师在选择染色木材时，除了考虑木材的纹理表现，也要留意木材的质地。

细致表面，均匀染色

由于木材有毛细孔，染完后颜色可能会和染色剂有色差，在染色前建议先打样，这样较能准确把握实际呈现的颜色。需注意的是，木材在染色之前要确认表面平滑无刮痕，否则染色后痕迹会更明显，上色后需定期使用护木油或护木漆来养护木材，避免其受到刮伤，而且在上护木漆之后不可再染色。在选用染色剂时，要考虑整体空间的色彩搭配，包含软装色调及涂料色调等。

钢刷木材

纹理触感明显的钢刷木材能创造更丰富的空间质感，钢刷木材是利用滚轮状钢刷机，磨除木材纹理较软的部位，强化天然肌理不规则的手感表现，呈现接近自然木材风化般粗犷的质感。木材种类决定纹理的深浅效果，并非磨刷的次数越多纹理就愈明显，气候变化大的温带木种年轮最为明显，钢刷效果也最鲜明。

粗犷质地，展现手感

基本上每一种木材都可以做钢刷处理，但仍然要依据木材特性来选择，梧桐木生长快速是较常见的钢刷木材，另外，铁刀木、橡木也能呈现不错的钢刷效果，而黄桧木表面纹理细致，使用钢刷、喷砂等处理，较难产生纹理。由于原木切割方向不同所产生的木纹也不同，木纹有直纹与山形纹两种，山形纹木材经钢刷处理后，手感比直纹木材好，较能达到装饰性的空间效果。

结构松软，留意环境

对钢刷木材上透明漆既可起到保护作用，也使其表面不会过于粗糙。纹理鲜明的钢刷木材质地相对松软，毛细孔比较大，若使用环境高温、潮湿或有长期阳光直射，则容易产生变形，因此选用钢刷木材时要特别留意使用环境。另外，因钢刷木材的个性鲜明，在选择时应考虑空间整体风格及氛围，避免由于突兀破坏空间的细致感。

实木皮

直接撷取于天然原木制成的实木皮，具有实木独特的质感与纹理，对于讲究空间质感展现的大宅来说，是一种极佳的表面装饰材料。实木具有天然清新的木质香气，也因为实木皮由实木制作而成，因此将实木皮应用于空间中可为空间增添自然清新的气息。而且实木皮较薄，更容易完成各种表面加工处理工作，像常见的染色、钢刷、喷砂，或者钢烤、锯痕等，实木皮经过加工处理能创造更多的木质效果。实木皮使用弹性较大，可运用在弯曲或不平整的表面，能轻易实现设计师想要的创意。

混合纹理，拼贴自然

目前常用于装饰空间的实木皮包括榉木、柚木、橡木、榆木、栓木、铁刀木、胡桃木、檀木、桧木等，设计师要充分了解木材特性，运用处理技术，使木材达到大宅的要求。除了钢刷或喷砂处理，利用漆料可做出的钢烤效果，可以让实木皮在不影响纹理的情况下增加表面的精致度。拼贴木皮时全直纹拼会过于单调，而全山形纹拼又会过于夸张，可利用自然拼法，即直纹与山形纹实木皮混合使用，这样整体效果会更加自然。

天然节点，适度展现

实木皮与其他的木材相同，潮湿、温差大的环境会使其变形或扭曲，施工时要注意贴合紧密度，并且将其用在较干燥的环境中。实木皮常常保留木材的实木节点，有些人或许会介意，觉得木纹颜色杂乱，但其实这些都是树木的天然痕迹，适度的展现更能真实地传递自然无拘的环境气息。

生活日常材质
满足功能需求

瓷砖坚硬防潮，运用于建筑及室内设计的历史悠久，如今瓷砖已发展出相当多元的样式，不仅在抗压耐磨、吸水率的层面具有顶级水准，其材质质感、纹路花色等更如精品一般细腻精致，摆脱了早期给人的廉价印象，完全能衬托大宅的气势。瓷砖可以仿制不同材质，包括石材、金属、清水模、木纹，能弥补这些材质的弱点，展现其优势，突破原有材质在空间的使用限制，创造出更多元的大宅风格。

因时适地，选择材质

瓷砖按材质大体上分为陶质、石质、瓷质三类，陶质、石质为施釉砖，而瓷质为硬度高的石英砖。吸水率是影响瓷砖使用的关键因素之一，不同材质瓷砖的吸水率从大到小为：陶质瓷砖吸水率、石质瓷砖吸水率、瓷质瓷砖吸水率，吸水率最低的瓷质瓷砖适用范围较广，室内室外的壁面铺贴都适合，而陶质、石质瓷砖较适合在室内使用，瓷砖的样式种类繁多，应依照使用地点来选择。

仿真纹理，替代石材

　　比起瓷砖，石材是表现大宅大气风范的首选，常见的有大理石、花岗石，以及较稀有的莱姆石等，但因为天然石材孔隙较大不易保养，现在市面上有非常多模仿大理石的瓷砖，抛光石英砖结合最新喷墨印刷技术，加上精抛釉面处理，使瓷砖表面呈现如石材般的光泽亮度，长期使用还不容易泛黄褪色，即使卫浴也能有石材质感。

石英砖

　　石英砖采用较高级的黏土经高温烧制制成，其抗吸水性、抗弯曲强度都相当优异。石英砖烧制成形后经抛光研磨后具有较高光泽度，还具有拟真的大理石纹理，而没有石材易变质、吸水率高的缺陷，替代大理石大面积运用在空间中，同样能表现大宅非凡品位。

特殊尺寸，展现气势

　　石英砖尺寸大，填缝小，使大宅整体看起来更为大气美观；其质地坚硬，耐磨抗压，耐酸碱，几乎没有毛细孔的特性，能保证瓷砖长年如新。石英砖使用的范围更加广泛，即使潮湿的卫浴也能用仿大理石纹瓷砖来表现华丽质感。

仿制纹理，缺乏特性

　　石英砖尺寸大，相对施工难度较高，材料损耗率也较高。虽然瓷砖能仿天然大理石，但被复制的纹理仍不如天然石材自然，也缺少独特性。瓷砖有膨胀系数的问题，所以必须留缝隙，整体贴出来的效果不像大理石那么完整。

石英薄板

石英薄板是一种突破传统瓷砖制作工艺的装饰板材，低耗能的混合动力窑及干式裁切的制造过程不会产生破坏环境的物质，创新科技表面处理技术，保留传统砖材无毛细孔和高硬度的优点，其表面能抵抗各种溶剂侵蚀及刮伤，抗摩擦能力更优，使用时间久了也不会减弱耐磨抗刮特性，因此可突破气候环境限制，广泛地运用在许多地方。

防潮耐污，质量轻盈

石英薄板经高温烧制，表面坚硬，孔隙小，吸水率极低，因此能防潮而且耐脏污，花色纹理自然丰富，使得阳台、卫浴及厨房等较潮湿的空间也能有功能与质感兼备的装修材料供选择。这种独特的薄板瓷砖重量为一般瓷砖的三分之一，从整体来看能减轻建筑物的自重，提高安全性。

质地坚硬，创意局限

石英薄板平整度与硬度极高，故大多只能用于平整处，且不易与其他材质接合。

第 7 章

定制混材施工方法

展现细节的
混材及工艺

混合材料在室内设计领域的应用已有多年，在讲究个性化、差异化的时代，在时尚、艺术及工业设计等领域中也都可以见到不同材质搭配的手法。虽然领域有所不同，但各种材质在设计师创意巧思及创新手法之下，无论是融合协调还是对比冲突，都能碰撞出令人耳目一新的效果。

设计创意是没有界限的，大宅设计好比一套为业主量身打造的高级"定制服"，材质是空间的"布料"，五金是细节"配饰"，然而并不是随意选择材质任意搭配就能算是混搭，设计师只有熟悉各种材质的特性，才能行云流水般地运用创意搭配，在配置妥当的空间中展现其特色，使整体视觉感受更富层次、超越想象，并赋予空间趣味性的体验。

协调美感，层次意境

各种材质都有自己独特的性格，石材大气、木质沉稳、砖材多变、玻璃利落、铁件个性、混凝土宁静、皮革温润。要使两种以上的材质互相优雅转换与拼接，要考虑的是彼此之间的协调，这考验设计师的美学涵养，以及对配置的色调比例、位置形式的精准拿捏。搭配时应先掌握整体材质的主体性，再找出材质彼此之间的协调感，像木质与铁件的搭配就属于风格互补，是利用木质温润的特性来平衡铁件带给人的冰冷感，而粗糙石材搭配镀钛则属于质感对比，运用粗犷与精致材质表现冲突美感。材质之间的搭配没有既定公式，需要大胆地尝试突破，只有汲取每次的经验才能创造出最佳的创意美学。

极致工艺，尽在细节

20 世纪现代主义建筑大师密斯·凡·德·罗（Ludwig Mies van der Rohe）曾说："魔鬼藏在细节里。"大宅是否能展现整体的精致感，取决于设计师对尺寸和细节收边的重视。通过丰富多元的材质搭配能创造更多的空间可能性，使空间呈现超越单一材质的效果，并能营造非凡的空间艺术价值。由于各自材质有不同的施工方法，不同材质衔接时需与之对应，每一道施工程序都要精准构思规划，尺寸也要分毫不差，只有这样材质与材质之间才能彼此协调相融而不显突兀。处理异材质的收边是需要经验的，同时必须仰赖专业的施工团队共同协作才能成就完美。大宅设计是不设限的，对设计师来说也有相当大的发挥空间，但如何在创意之下将细节处理完美，是大宅设计师需要用心完成的重要课题。

木质混材

想要突显空间风格，只要简单运用材质创造主题墙面，就能点亮居家特色。整体风格以现代简约风格为主，空间运用黑、白、灰营造时尚、简约、大气的空间感，在廊道底端以橡木皮染灰搭配皮革裱版作为端景主墙，天然实木皮扮演重要的平衡角色，通过橡木明显的山形纹理柔化现代风格的利落线条，经过裱版处理的皮革呈现柔软的立面触感，实木皮与皮革气质相近，皆给人天然温润手感，两者相互映衬为空间带来内敛优雅的氛围，而刻意染灰的颜色呼应整体色调，更凸显画作的前卫。

为使整体空间简约利落的同时又不过于单调，可在实木皮与皮革墙面打造一个进退的视觉效果，刻意设计的立面落差不但赋予空间视觉层次变化，也使两种不同材质衔接面较为简单，不需特殊手法就能各自处理收边，同时也为画作框出适当的摆放位置。若是改用石材作为底墙搭配皮革裱板，那么便可利用石材气势提升空间质感，这是突显大宅尊贵感的另一种选项。

由于空间设定为沉稳低调的现代风格，因此以深浅不同的灰色材质表现空间理性简约的现代都市风格。染色后的实木皮有多种颜色，能实现设计师各种空间创意，而善用壁纸多变的特质更能创造出千变万化的空间形态。这里以染灰实木皮为主，营造出较为轻松温暖的阅读氛围，搭配带有灰泥质感的壁纸，通过细腻的纹理调和各异的灰阶层次。在自然质感的空间中加入黑色铁件与木材打造的书架，搭配木纹贴皮让看似刚毅的空间多了温暖的感觉，利落的质感强化了空间个性，大胆加入鲜明橘色家具，令人印象深刻。

　　作为空间核心的书架以木材固定两侧并贴附染灰橡木实木皮，再嵌入薄片铁件作为整体架构，铁件部分以凸框与木框交接，稍微凸出的铁件边框成为书架收边，增加了细致度。在贴附壁纸时，除了要求墙壁漆面的平整度外还需再贴一层底纸，能使壁纸更为平整。实木皮是使用最广泛也是最常搭配的材质之一，除了铁件外也可搭配石材、皮革、镀钛金属、玻璃及木材烤漆，都能带来温润自然的效果。

石材混材

用天然石材来表现大宅的气势底蕴，重要的是它与其他材质的搭配比例，此案例以低彩度的白色和灰色石材烘托出典雅大气的空间质感，在进入主空间处，以雕琢艺术品的手法处理高至天花板的石材立柱，打造出上虚下实的格栅意象，并在立面部分结合木材，让石材纹理与木质肌理交相辉映，在冷热间取得平衡，交织出温润的现代人文气息，层层堆叠的石柱造型营造出具有序列感、迎宾仪式感的归家体验。前景则采用肌理粗犷的石材作为壁炉，使其成为接待大厅的一隅之景，将精心雕琢犹如艺术品般的空间，通过不同视角呈现动人气质。

每块石材都有独一无二的纹理，不同的加工方式，可赋予石材更多样的"表情"。石材格栅为2厘米厚板材，需搭配后方木材壁板施工，加大石材上胶面积以增加稳定性，需注意材料高度及固定深度，使材料不会在搬运或施工过程中损坏。注意石材内嵌水雾壁炉下方暗处需保留透气孔，以保证水雾壁炉在开启时呈现袅袅水雾上升如火焰般的效果。石材为大宅内经常选用的材质，也可搭配镀钛铁件、木质、皮革、玻璃等材质增加温润精致质感。

古典式的对称设计最能展现大宅气势，要善用材质特色展现恢宏的大宅气势。一踏入玄关即可感受到不同大理石呈现的磅礴气势，墙面以亮面抛光大理石和伯爵灰石材雕琢立体面做出纹理变化，地面则以黑白和古典米黄石拼接作空间界定。推开划分空间的防爆钢木门，迎面而来的同样是讲究对称的家具陈设，地面延续大理石的精致质感，与贴附金银箔的穹顶式天花板相互辉映，渐进式的格局规划与精致质感的材质堆叠，在从落地窗透进的自然光的映照之下，打造出大宅无比奢华的感官体验。

不同的石材有各自独特的纹理表现，再依照设计需求搭配不同的加工方式，无论是抛光处理的精致亮面还是凿面处理的粗犷表面，都能呈现出石材丰富多变的"表情"。在处理挑选好的石材时，要注意切割时所使用的钢刀要经常更换保持锋利，以免石材边缘崩角，这样在处理交接面收边时才能呈现完美效果。在大宅里石材是使用比较广泛也能显现贵气的材质之一，常搭配的材质除了不同色阶的石材外，与木质、皮革、镀钛金属、玻璃及木材烤漆等材质拼接也有很优秀的搭配效果。

板砖混材

要想提升简约的卫浴空间的质感，只需要一点大理石点缀就足够了，但天然大理石有毛细孔不适用于潮湿的卫浴空间，耐潮易清理的仿石材大板瓷砖成为最佳的替代材质。现代风格卫浴空间除了从格局规划提升空间质感，在不同立面以对花不对纹的拼贴手法搭配立体面与雾面两种质感的黑白大理石纹板材，也可增添卫浴空间的质感与律动感。背墙左右两侧搭配明镜并嵌入 LED 灯条，照明设计突显石材纹理质地与雍容美感，见光不见灯的照明设计给人自然舒适的光感体验。

仿石材大板瓷砖与单面见光的亚克力铝框 LED 灯条之间可用平接方式整合，灯条如果有侧面见光面，则需使用第三种材质来协助收边，例如金属、木材等。瓷砖与灯条收边时需注意切割面的整齐度及灯条的前后位置，灯条需比瓷砖略微凸出 1 ~ 2 毫米，以免瓷砖有破口的情况。另外，因为灯条的深度与瓷砖厚度有所差距，所以必须注意底板厚度的精准拿捏及校对，只有这样才能有更平整的完成面。板砖材质的应用上可选择马赛克瓷砖搭配曲面亚克力铝框 LED 灯条，能打造出较为活泼的曲面线条空间。

很多大宅业主既受到传统文化的"浸润"，同时又拥有国际化视野与多元的审美，空间应以业主的气质、品位与兴趣作为底蕴，运用减法设计整合结构与功能。影音室是业主专属的私密空间，主墙面以手绘壁画展现个人喜好，两侧墙面搭配较容易清理的仿旧瓷砖，选择宽幅较大的瓷砖并且采用不规则拼贴方式，使整面墙呈现更为自然的纹理，打造出随性休闲感。空间隔屏采用黑色铁件呼应整体美式粗犷风格，灰色玻璃引导视线穿透空间，让业主在此空间可以全然放松，享受影音娱乐的美妙。

纹理明显的仿旧瓷砖主导了空间整体风格，而在墙面拼贴瓷砖时施工至窗户时要特别留意，窗户四周边缘以金属或木材收边条收边，并凸出于瓷砖完成面约 5 毫米，既能预防瓷砖破口又能增加精致感。另外，填缝剂也是会影响瓷砖细节视觉效果的重要因素之一，可以选用保守的相近色，或者大胆采用跳色，以赋予瓷砖极致前卫的视觉效果。仿旧瓷砖可搭配相近质感的木质，或者利落质地的镀钛铁件或者镜子来变换截然不同的空间"表情"。

金属混材

以高质感的休闲品位生活为概念，为业主规划拥有艺术建筑般气质的影音室及品酒区，由于是复合式的休憩空间，因此材质的运用上不仅要呈现风格还要同时兼具功能。考虑到影音室声音传导效果，主墙装饰以裱布为主，辅以铁件烤漆勾勒线条作为端景。这里可以看到利用穿透材质，将休闲与高品位空间氛围相连，借助清透玻璃使得大气恢宏的私人酒窖成为一座令人惊叹的景致艺术品，而向来多被应用在工业生产元件或者建筑内部结构的不锈钢丝网，被创造性地运用在空间内，增加若隐若现的空间层次，特殊造型的网目结构搭配灯光衬托，充分诠释了异材质混搭的多元样貌。

由不锈钢制成的创意金属网四周需要用细框夹住板材来增加收边强度，因此必须注意边框宽度及安装位置，为了达到更精致细腻的收边效果尽可能细化隐藏框线。如果为了搭配空间风格需要变换创意金属网的颜色，建议采用镀膜或镀钛来进行改色作业，若以发色作处理，则要注意网材内角细节容易出现没有上到颜色的情况。创意金属网搭配镀钛铁件、玻璃更为现代时尚，如此案与木材相搭则表现出人文风格，多样搭配可赋予观者不同的视觉享受。

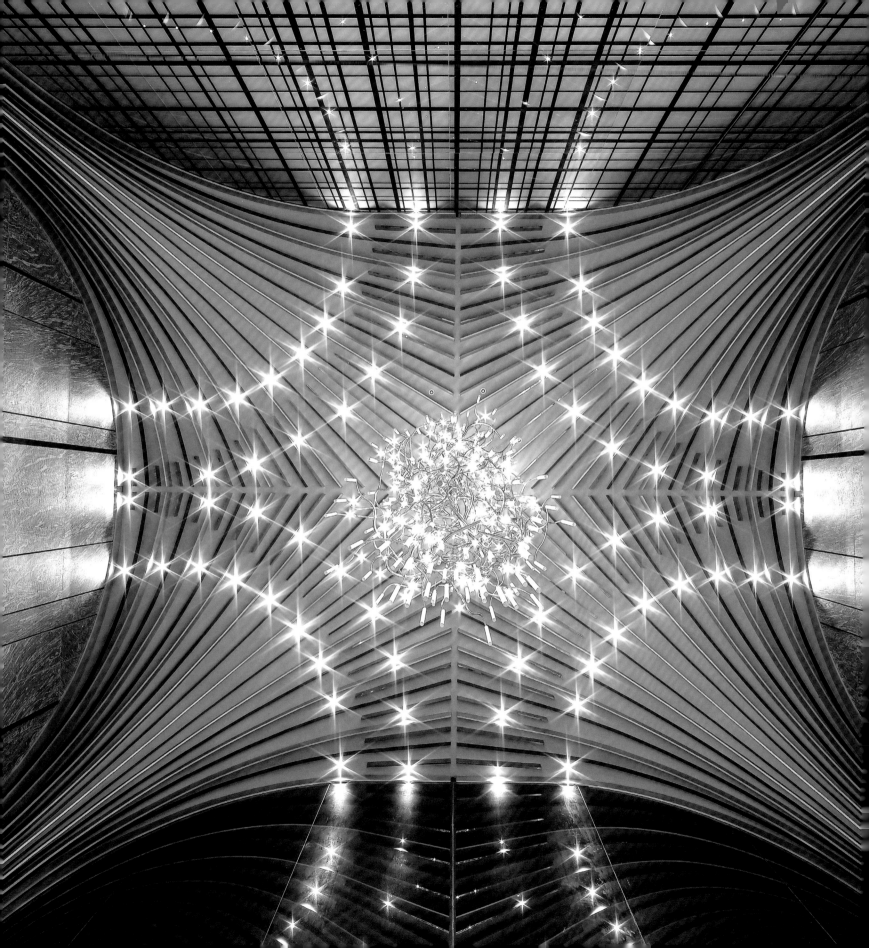

本案例以镀钛铁件为主，石材及玻璃为辅，创造空间序列的开放式设计，将光、空气与水以最美的瞬间形象凝聚在空间之中，展现大自然中的动态美。造型不是任何已被识别的形状，连绵、圆润、大胆的曲线造型，也表现出自然动态的美。由下往上仰视水晶灯饰，当星光从天倾泻而下，循着光的踪迹穿越结构，最终豁然开朗就像戏剧表演，既充满了张力，又带着很强的生命力与灵性，不但处处引人入胜，更给予人们精神上丰富的滋养。

　　本案例主要使用玫瑰金镀钛、黑铁、木材烤漆、仿古石材及镜面来打造天花板结构，以弯曲板材作为基底，为每支铁件做嵌槽，并在天花板四边收边处预留平面位置，使其他面材有收边空间。在大宅里，金属是最能表现细致度的材质，尤其是镀钛板，它质地坚硬，具有金属光泽，能勾勒出清晰利落的空间线条，被广泛运用在大宅的公共空间，如门框、壁面饰条、柜体等，最常搭配的材质除了石材外，木质、砖材、皮革匀能呈现质感上的对比冲突，也能彼此调和对方的特质，搭配玻璃则能塑造出现代时尚风格。

玻璃混材

　　设计师的创意思维，使空间与材质产生对话，并缔结空间与人之间的关系，让居住者像生活在经过雕琢的艺术品之中，实践"生活即艺术，艺术即生活"的设计理念。贯穿整体设计的精神与力量，衔接楼层的楼梯以突破传统的旋转形式出现在通往顶楼的图书典藏空间。为突显楼梯的螺旋结构美感，用灰色钢化玻璃作为扶手，既呼应空间色调又提升心理层面的安全感。玻璃嵌入实木踏板的做法，打造出盘旋而上的大型雕塑艺术品，在拾级而上的脚步移转之间，感受异材质衔接的设计巧思与空间的雅致风情。

　　楼梯除了应有的衔接楼层的功能外，经由设计往往是室内空间中最醒目的结构，因此会对整体空间风格带来相当大的影响。与其他形式的楼梯相比，旋转楼梯鲜明的风格搭配金属或者玻璃等利落材质，能轻易创造华美精致的空间特色。此案例在处理实木踏板的扶手刻沟时，需注意嵌入玻璃的尺寸，避免破口情况，与上层踏板间要留意每一阶完成面高度关系。

第三部分

陈设艺术

第 8 章

蒙太奇美学设计

蒙太奇美学设计的特征

蒙太奇（Montage）是一种电影制作的惯用手法，但为什么会将蒙太奇与空间结合呢？其实，电影是运用各种不同手法在空间里叙述故事，室内设计也是如此。这跟室内设计常提及的"混搭"不同，有些设计师会宣称自己的设计是混搭，若继续追究背后设计概念，大部分的人都答不出所以然。当然，这也可以是一种风格，却缺乏中心思想和理念，因此这里将蒙太奇的电影手法和混搭做一下厘清。

蒙太奇是一种设计手法

蒙太奇不是一种风格而是一种手法，是用隐喻的方法展现空间表情，或者用借镜的方式去安排空间的立体感、层次感，这些都是蒙太奇的表现方式。蒙太奇手法可以举一反三，比如说，主墙在空间里并不是一道既定的墙面，它可能是一道电视墙、一面书墙等，再通过适当的安排创造在空间里面的层次，让人从不同视角观看，可以发现每一个空间、每一道墙面都有它相互依存的关系存在，而不是全凭个人喜好任意安排，毫无章法地进行空间布局。

蒙太奇创造令人感动的场景

设计师太过于以自我为中心，一意孤行地依照自己的想法去设计，这样的结果可能会产生不协调的视觉冲突，是不可能达到"1加1等于2"或者"大于2"的效果的。设计师在进行室内设计尤其是大宅设计时，往往希望居住者不但能长居久安，而且会被所创造的场景或者设计细节感动，进而提升居住品质。依据多年设计大宅的经验，大部分业主并非第一次装修，他们会希望每次创造的空间能与众不同，甚至和以往差异很大，更期待设计师引领他们进入另一个空间层次，而运用蒙太奇的设计手法，就能展演截然不同的空间表现。

蒙太奇叙述居住者的故事

运用蒙太奇的设计手法进行大宅空间设计时，会置入所谓的故事叙述，用讲故事的方式去创作空间的每个角落，让业主感觉空间里有一层意义存在，因此，挖掘业主的故事是设计师很重要的事。留意每次与业主交谈间时对方的只言片语或者肢体神情传递出的信息，接下来就要思考如何将故事放大并转译成空间场景。这里要提醒的是，大宅虽然有宽阔的空间，却不见得要将每一个空间尺度做满，设计师可以运用手法、气氛对空间有所取舍，这样反而能创造深层的意境层次。

蒙太奇创造与时俱进的空间

正如前面所说，蒙太奇不是某种特定风格，或者某种形态，它是一种表现手法，这种手法会跟随当前时尚潮流去调整。以色彩为例，蒙太奇也会顺应当下流行注入不同色彩，像是莫兰迪色、自然植物色或者海洋色彩等。蒙太奇没办法自己去产生一种环境或者空间的流行，却能使用任何元素通过这种手法让空间与时俱进，跟随时代演绎不同的空间样貌。

叙事设计：
去、存、解、思

很多人住旅店不约而同都有这样的感受，刚住进去时会因为新颖华美的房间觉得兴奋，但几天之后会开始对这些装修无感，甚至觉得枯燥无味，因为旅店只是给旅人暂住的地方，空间里面毫无故事和情感可言，自然让人无法久待。很多业主搬进制式设计的空间之后，会感觉好像住进了冷冰冰的旅店，虽然华丽但没有任何情感。因此在设计大宅时，除了留意空间基础功能，让空间可以相互结合，比如客厅和娱乐室、餐厅和厨房等，就能通过适宜的整合创造更多空间的可能性外，更重要的是在将这些空间整合起来之前，先停下来听业主讲述一些故事、一些记忆，或者一些想要做而没达成的事情，再将它们转换成为唤醒回忆的引子，并设计在空间里让他们去感受，这样的空间自然会变得非常有情感。

叙事设计就是要去挖掘业主生活的故事，再将故事、想法呼应蒙太奇的手法转换成空间的一部分，让业主能去回忆生活中值得回忆的片段，或者满足他对生活的想象。在运用这些手法时，设计师要先建立一些概念，才能尽善尽美地通过空间传递出居住价值。要以自身专业"去"除、筛检过于不切实际的想法，保"存"空间的价值和精神，突破业主固有的既定概念，扎实做好创意设计的前置基本功夫，"解"开过程中可能产生的疑惑，最重要的是深层地去"思"考居住的意义和本质。

这些是真正进入设计核心的重要过程，需要经验的累积养成，才能有绝对的自信应对大宅业主。但如何提升自己的眼界、艺术涵养？最好的方法是多听、多看、多做，除此之外就和天赋相关，创意设计需要一些与生俱来的敏锐度和美感，如果自觉完全没有天赋倒不如专注于自己的强项，并且把它发挥到极致。设计师绝对不是万能的而且没必要万能。空间是死的，装修出来的表象是要被赋予情感，才能够和人产生互动，也才能与生活有联结，这样的大宅空间才能真正打动业主的心。

"去"——欲望无穷，去除烦琐

面对大宅业主各式各样又千变万化的想法，设计师不仅要沉着、有主见，更要小心翼翼地应对，如果一味顺从业主的想法，或许会达到表象上的协调，却可能留下背离设计初衷的遗憾，最终呈现的不见得是理想的居住空间。设计师面对大宅业主的挑战，要以专业态度说服其做减法，去除一些不必要的设计，沟通的过程中虽然业主不见得都欣然接受，也要带着能将他们的生活质感再提升的信心去给予建议。设计师凭借自身的专业与自信去说服业主，理清"想要"和"需要"之间的差别，进一步将想要的东西去芜存菁，让它们以简单而且具有记忆符号的方式存在于空间。

"存"——发掘价值，留存于心

对大宅业主来说，物质层面几乎唾手可得，在去除不必要的"想要"之后，如何筛选适合他们真正的"需要"是"存"的表象，要进一步探讨的是，如何从他们身上挖掘故事并保存于空间之中。每个人都有他存在于世界的价值和意义，而每个人的独特之处都与其他人不同，身为设计师应该要懂得去挖掘，并将与之相关的事物保存在空间里面，整体呈现出来的空间才会有属于业主自己的味道或者风格，而不是为了讨喜而一味地去做无意义的模仿。

然而，再好的设计若没有办法付诸实践，一切就等于零，要怎么在空间落实好的设计呢？这不仅要不断地讨论沟通，还要进一步拿出说服对方的本领，当然。说服业主绝对不是一件容易的事，不仅要靠经验还要有热忱，从中不断找出答案，转变他们根深蒂固的想法，然后提出最佳的建议方案，目的是取得他们的认同。唯有借助具有逻辑性的说服，被给予信任的设计师才能让设计案顺利进行。

"解"——挥洒专业，抚心解惑

"解"可以说是"解迷""解惑"。人与人之间的相处，第一眼很重要，业主和设计师之间也不例外，这所谓的第一眼不是指对方外表的美丑或者衣着的优劣，而是指设计师展现出的专业度是不是足以让人信任。人的肢体语言是骗不了人的，一位设计师的专业度会从言谈、表情和动作中不经意地表露出来，因此设计师在应对大宅业主时要拿出应有的自信，只有取得业主的信任才能推翻其原有固化的想法，业主才会将价值不菲的大宅放心交托设计。

另外，不要用实验的心态将业主当成"小白鼠"。突破性的创意都需要大胆假设，再经由不断的尝试才会擦出火花，因此，对设计师来说很多设计都可能是第一次尝试。在着手开展在这些造价昂贵的工程之前，必须实际制作模型去揣摩演练，进行灯光模拟或者打样，确定没有问题再实际操作，这些都是不能忽略的基本的动作，对设计来说是一种自我负责的态度，不但能确保最终呈现的结果，也较容易消除业主在设计过程中可能产生的疑虑。

"思"——以人为本，由表及里

设计大宅时设计师要引导业主好好思考：所居住的房子对自己的价值是什么？难道生活就只能是这个样子吗？还有没有不同的生活方式？在讨论空间的美感风格之外，更多时候要去留心居住本质这件事情。有一些业主觉得房子很大，要用很多大理石才能彰显气派，或者使用许多华美的装饰才能展现尊贵，但这些东西带来的意义又是什么？有时候并不是钱花得多就代表东西好，要通过设计赋予空间故事和情感才能体现出它的价值。设计师在与业主讨论空间设计时，要激发他们对生活涌现更多的想法，协助他们去思考从没想过的层面，在产生更多冲击的同时，就能创造更多的生活价值，整个居住空间才会有不同意义的存在。

第 9 章

陈设有法，居无俗韵

进行室内设计时大致会从两个方向着手：有些设计师以硬装优先，先将硬装设计完成，再找适合的软装来搭配；有些设计师在规划硬装的同时就考量软装与整体空间的关系。硬装像是生活的场景，而软装则是它的故事内容，虽然这两者规划的先后顺序并没有绝对的好坏与对错之分，但在做大宅设计时，若能先想好内容再进行设计，则更能体现空间的灵动。

　　每个人对于美感都有自己独到的品位，但毕竟空间是为业主打造，因此要深入了解他们喜好的风格之后再给予最终的建议并加以引导，设计师在空间陈设方面要发挥对美感的认知，若有能更深层体现业主意愿的搭配物件或者布料颜色，请务必想办法提出证据去说服对方。设计师在专业方面要坚持自己的观点，通过沟通让业主理解陈设的必要，这样空间作品才能更为完整。

　　有些大宅业主本身就有很高的美学素养，同时也有艺术收藏嗜好，要尊重他们的想法，因为那些蕴含人生哲理的作品，能展现业主感受生活乐趣的层面，同时反映体验人生的生活态度，即便不是主流定义的艺术品，但对他们来说都具有存在的意义和价值，而设计师也能从中找到讲述空间故事的内容。设计师要做的工作只有想办法将作品最美的一面呈现出来。俗话说"人要衣装，佛要金装，画要框装"，通过适当的衬托，无论是画作、艺术品、纪念物，借由设计师的美感加以重新审视，去调整它的框架背景以及摆放位置，让整体呈现出来的格调更为加分。

当大宅业主有配置艺术画作的需求时，设计师要从长计议，思考未来作品变换更动的可能性，才能保有空间新鲜感和艺术价值，因此不但要依照摆放位置、尺度、色调、质感来挑选作品，还要规划专门的藏画空间，让业主依照不同聚会需求、季节及心境调整替换藏品。

软装和硬装在室内设计的比重应该相同，有些业主希望展现大气的空间感，在这样的情况下软装和硬装比重可以调整至 6 ∶ 4，但装饰性的东西所占比例如果高达七八成，就容易让空间看起来像样板间，丰富的装饰艺品刺激了视觉感官，生活实用性却略显不足。因此软装和硬装互为表里，相辅相成，一位好的大宅设计师应该糅合理性和感性，深入了解客户需求，展现最佳的整合能力，使整体空间画面呈现完美的平衡。

灯光设计
营造人文氛围

　　光可以说是决定空间质感非常重要的因素，通过灯光配置可以赋予空间不同的表情，规划时就应思考为业主营造什么样的生活氛围，并根据需求来规划灯光在空间展现的气质。光在不同空间情境有不同的需求，比如满足阅读需求、表现艺术感、营造氛围。在大宅空间，除了功能性灯光，还需通过装饰性灯光来展现空间质感，像近来一直被讨论的低调奢华氛围，就是应用对比式的灯光设计，利用明度反差打造出来的。灯光是营造气氛的关键，适时、适地提供能传递舒适感的一盏灯，让人有安全感那就是最好的氛围。

　　然而，灯光设计是一门专业的学问，涉及面很广，些许差距都足以改变空间样貌。对室内设计师而言，糅合自然光与空间的关系是首要任务，入夜后妥善地运用光源营造氛围也是必要之事。在以人为本的设计理念下，要讲求灯光与家庭成员、空间需求、尺度及明亮度之间的平衡，灯具灯饰需和室内设计相辅相成，以呈现出切合生活的光感氛围。

运用灯光，烘托氛围

居室灯光设计中，必须同时思考自然光线与人工照明的关系来满足基本使用功能与进阶照明需求，因此灯光模式更为复杂，应该以各式各样的照明形式相互搭配，兼备实质功能与美学气氛。大宅居室灯光更注重氛围，即使是单纯的墙面，只要运用不同的照明手法，比如阵列、交错等，就能呈现大气之感。表现肌理质感及展示艺术品的光源也是规划大宅灯光重要的一环，善用灯光设计能为精心打造的材质肌理与价值不菲的艺术画作大大加分。

艺术灯饰，赏心悦目

灯饰除了具有照明功能外，还有令人赏心悦目的装饰艺术性，一件设计良好的灯饰本身就是值得欣赏的艺术品，此时灯不仅提供照明功能，而且是延续风格与设计品位的重要元素。既然灯光具有艺术价值，设计师就要让它在空间展演美妙姿态，依空间需求去搭配适合形式的灯饰——吊灯能建立视觉焦点，立灯能延伸线条，长壁灯则增添结构感，通过丰富的灯饰造型成就空间张力。挑选灯饰和挑选艺术品一样，第一眼的感觉非常重要，正如前文所说，灯光设计须与空间概念呼应，设计师要判断灯饰形态和散发出的光线，是否能回应空间并与人有所互动，赋予生活多元可能与丰富的想象。

洗墙晕光，糅入东方人文美学

　　整体空间运用丰富的材质及细腻手法，凝聚当代美学风格与东西方艺术精神，灯光的表现取决于材质的展现及大宅业主对于空间氛围和功能的追求。位于地下室的休憩娱乐空间同时规划了影音室及品酒区，因此灯光要满足影音功能，同时营造出休闲与高雅的空间氛围。吧台区灯带多用于情境光源的表现，采用线性洗墙晕光手法将间接光打在立面之上，不仅强化石材表面的特殊纹理，更呈现高端大气之感，借由泛光效果流动至地面，小范围界定功能范围，大面积表现区域的轮廓。业主有收藏艺术品的嗜好，将展示柜光源置于层板下方，让光线由下而上穿透其中，衬托艺术品质地，并散发出雍容雅致的低调韵味。局部照明光源皆选用较柔和的 2700 K 色温，以达到空间光源的一致协调。

装饰光源，凝聚居室温馨暖意

　　空间以回归简单、自由的理念将东方艺术深藏其中，运用质朴温暖的材质呈现空间本质，表现一种粗犷的质感，同时反映业主内在心境。白天用自然光引光入室，格栅造型设计让引入室内的日光在空间变化出光影线条。窗缘的落地立灯及台灯为装饰性光源，入夜后，主光源或户外光源较为昏暗，当有氛围需求时仅开启装饰灯，可以变换出另一种空间表情；通过灯具位置及光线也可界定空间区域及增加视觉的层次感。落地立灯以均分阵列方式放置，与建筑格栅造型及原有建筑窗窗框相互呼应，散发出幽静的气息。灯光作为室内装饰及氛围的催化剂，2700 K色温可以给人温暖、放松的感觉，选用点状光源，可以减少空间材料与灯光之间的反射，减轻视觉压力，营造惬意、舒适的氛围 。

情境光源，幽微光氛高雅奢华

　　卧室装修最重要的就是打造宁静沉稳的睡眠环境，照明更是打造舒适休憩环境的关键。现代奢华格调的主卧室，舍弃主灯，运用装饰性的灯光营造出带有情境的空间，同时突显软装布置的效果。兼具照明与装饰功能的床头灯，选择亮度较低、色温柔和的黄光，概念上只需满足基本阅读功能，以烘托入夜氛围营造休息的身心状态为主，让人进入卧室后能快速进入放松的情绪。地面所装设水雾型壁炉也属于次要情境光源，轻柔的水雾以黄光投影照射，让袅袅上升的雾气转换为炙热的"火焰"从地面窜出，所创造的"火焰"效果令人信以为真，"火焰"自然的形态与天花悬吊的金色树枝艺术品相互呼应，周围墙面再以具有反射性的材质隐隐约约延伸光线，呈现华丽奇幻的空间情境。

家具陈设
展现奢华细节

所谓陈设就是空间内可以移动的设计，而家具可以说是空间内最重要的装饰物件，从工业设计的角度来看，一件好的家具在满足使用功能的同时，要具备优雅的造型和美感，让它摆放时就如同艺术品般存在，为空间增添迷人的气息。家具搭配和业主个性有一定的关系，大多数年纪较长的大宅业主喜欢工整的配置，每个空间都要遵循传统规范，明确地以中轴线为中心左右对称式布置家具，我们从中式建筑屋形和厅堂设计就看得出来，讲究的对称形式无形之中会形成和谐隆重的气氛。

然而，新一代的大宅业主对于工整的家具摆放方式并不能全然接受，希望可以突破空间限制，穿插一些有乐趣的设计。大宅由于空间尺度够大，正可以满足这样的要求，因此摆放方式可以更为自由无拘，不必局限在老套配置的框架里，同时借由家具摆放重新定义空间的使用功能。比如偌大的客厅或许只摆放两把主人单椅、一张大地毯，并且搭配抢眼的艺术品或雕塑品，完全释放空间留白的诗意魅力。而原本应该在客厅进行的接待工作，则可以改由书房或者厨房吧台等其他空间进行，也借由渐进式的转折动线赋予大宅气势。

有舍有得，合理浪费

不妨重新定义大宅空间与家具之间的关系，配置方式可以跳出框架，以更大气的方式来展现，将图书馆、美术馆或者展览馆等空间概念置入，不必局限于制式的规范，千万不能为了填满空间而摆放家具，这样就毫无生活感可言，而是一种"被奴役"式的设计。因此家具尺寸要对应空间比例来选择，先以大型家具确定主要视觉，再适度地置入其他次要家具，将空间感释放出来，毕竟人才是生活的真正主角。

阅览空间，界定区域

在为空间创造更多可能性时，家具摆放要有一定的合理性，同时也不能忽略行走动线的流畅度，才能保障居住空间的舒适。开放式公共空间的配置原则要依据客厅的形状及尺度而定，通过家具像是沙发、书桌、餐桌及吧台等，将原本动线通透开放的空间形态，细分出功能性空间并且增强实用功能。摆放家具当然可以进行多种组合，但仍要注重比例和协调感，配置时以家具的颜色质感、高矮大小来进行合理搭配，从主人的视角出发设计出具有和谐感的居住空间。

借景成画，远近层次相映成趣

　　拥有 20 平方米的大宅卧室，以舒适性及视觉感受为首要考量，除了单纯的睡眠需求以外，需要完备的配置规划，避免出现大而无用的状况，并增加一些单椅、壁炉等具有装饰作用的家具配置，以免由于过于空洞造成不安全感。视需求将空间规划出寝卧区、起居区、阅读区、更衣化妆区及卫浴区，整体性的规划要兼顾生活私密性、功能性与便利性。卧室使用成员较为单纯，考量行走动线之余也要留心端景营造，空间以进入卧室的主动线为轴心左右配置家具，在底端临窗处放置一对单椅作为视觉焦点，右侧以弧形沙发围塑出起居空间，圆形长毛地毯与黑铁材质的桌式壁炉，呈现带点雅皮格调的奢华，这里同时与寝卧区彼此借景相互融合。偏向个性化的风格设计，以及家具的材质与一致性的色调展现出豪奢大气的空间美感。

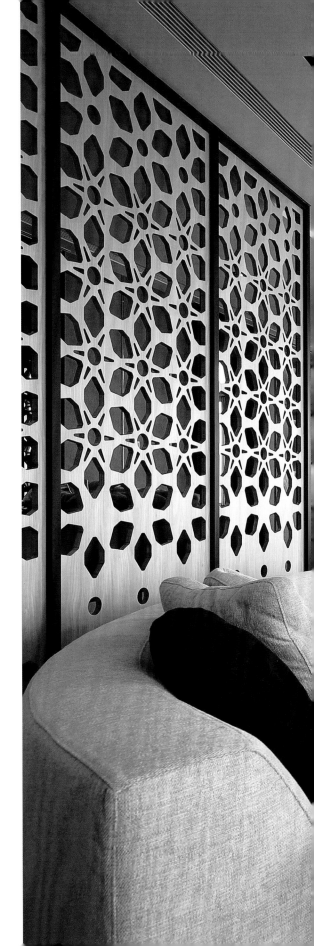

卧榻、座椅，坐卧自在随心写意

　　融入当代东方写意与现代时尚元素的空间，如同艺术品般由内而外雕琢出优雅的新美学风格。根据男女主人不同的使用要求，单独规划私人会客、起居空间，形成一个与主体空间脱离的功能性单元，保有自身的独立性，避免生活中相互间的干扰。空间以固定卧榻为主轴，采用放射状的手法配置家具，给人看似规矩却带着随兴的视觉感受。呼应卧榻给人的休闲感，固定式的个人躺卧沙发嵌入架高地板，形成使用行为的互动关系，有聚会时可自在地坐于架高地板，不必拘泥于家具形式，可以自在惬意地享受生活。中央搭配高低错落的圆形茶几，既能固定也可拆分，使用上更为机动灵活。皮革单椅在功能和美感上扮演必要的角色，成为主人独处沉思时最重要的亲密伙伴。

主轴沙发与扶手单椅相互对话

从整体空间的布置上，客厅家具最能对外展现大宅气质及气势，以现代低奢风格为概念的空间，一张居中摆放的大型皮质沙发为客厅落下重心，高背扶手椅成为空间的点睛之笔，也宣示了主人的地位。主人椅的位置不但能遥望窗外景观，面对沙发的摆放方式也有利于主人和客人之间的谈话交流。客厅及书房采用半开放设计，配置家具时以廊道动线为摆放重心，由此延伸彼此空间的视觉景深。选择家具时要特别留意尺寸与空间之间的比例，家具尺寸过大会显得过于拥挤，尺寸太小则会使空间显得松散空洞。挑选家具时可将空间扣除主要动线尺寸再缩小 10% 左右，要适当留白以创造优雅的生活情境。

经典单椅，界定空间凝聚焦点

为了展现大宅的华贵大气，采用开放式设计打造出格局宽阔的公共区域，让开阔视野营造恢宏气势，窗外景色也得以延伸到室内。要在同一个空间置入不同功能，家具的配置布局在大尺度空间就显得格外重要，是定位空间的重要内容。在适度留白的空间概念下，想要让居住者可以随着生活的需求随心自在地调配空间，增加空间和生活互动对话的多元可能，就利用不同性质的家具配比呈现空间的主副之分，同时界定区域功能让空间相互交叠，使用者也能在不同生活情境下彼此交流。整体空间以简约纯粹的质感家具打造现代时尚风格，同时将伊姆斯躺椅置入其中，跨越时代的经典设计赋予空间不言而喻的大气风范。

软装饰品
提升空间格调

　　从整体空间的占比来看，织品在空间陈设中占据的分量比我们想象的要大很多，不能忽略其重要性，要有如搭配衣着般用心去搭配空间，不然就像穿了整套名牌西装却配了一双不相称的袜子，整体的格调会大打折扣。

　　织品运用的灵活度高，是能够随着心情、季节或主题的变化更换软装布置的物件，且能让空间充满戏剧性的变化。织品与空间使用者的生活习惯及体验更为贴近，从家中的布置就能看出业主的个性与品位。在面对大宅业主时，通过业主的生活品位、衣着打扮、兴趣习惯去解构其个人风格，再以设计师的经验将织品体现在空间中。

　　而花艺植栽则能赋予空间灵魂，它的美感如同一幅画，只要能尽情展现自然造物者所赋予的优雅姿态，即便只是一朵花，也能为整体空间注入艺术价值。但植物需要悉心照料，如果愿意在空间里摆放自然植物，表示业主个性柔软且具有同理心，懂得享受照护植物所带来的愉悦及乐趣。

布置织品，胆大心细

准备布置织品前，先确定大面积的织品主轴，再利用其他织品辅助，织品之间的色调图纹相互关联，才能达成完美的和谐度。搭配织品时除了选择业主接受度高的图纹之外，不妨预留一些可以尝试改变的地方，以期制造惊喜。大胆配置图纹强烈的窗帘或者壁纸，能突显业主性格及空间格调，也是一种趣味性的表现。在为空间注入鲜明风格的织品时，仍要留意整体质感，适当留白才能突显特色亮点。

花艺植栽，绽放生命

近年来将花艺植栽融入居室空间蔚然成风，显示了人类无法脱离亲近自然的本性。花艺植栽也是最能为空间注入生气的布置利器。在家中植入绿色植栽一定要顺应其特性，顺应其自然生长的形态给予适合的生长环境，并且挑选富有美感线条的植物呼应空间，能让空间产生层次感，也增添些许绿意与新意。花卉自然多变的色彩和姿态，可以说是空间设计的点睛之笔，无论位于过渡空间还是静待在转角都能制造惊喜，忙碌的业主可借由与花艺设计师的配合，节省照料和整理花卉的时间，同时享受花卉融入美好生活环境的乐趣。

当代雕塑，个性鲜明寓意深远

　　大宅设计不仅讲究风格品味，艺术品在空间的陈设与搭配更能塑造出优雅姿态，处处精致的宅邸通过艺术品提升非凡价值，也创造生活闲趣。位居顶楼的大宅以简约线条营造现代低奢风格，依据空间尺度、光影及色彩等选择艺术品，在过渡空间利用大型雕塑表达灵动的艺术之美，居住者穿梭其中产生愉悦的互动，尽管空间尺度宽阔，亦应通过精心布局让每个角落都有惊喜。沉稳幽微的氛围令人感觉内敛静心，置入象征平安纯洁的白马并从暗色调的背景突显出来，更强调在空间内的视觉张力。前景搭配剔透水晶石通过光影折射出闪烁光芒，亦有增添财富的寓意，穿透的视觉效果使空间设计与艺术品相互辉映。

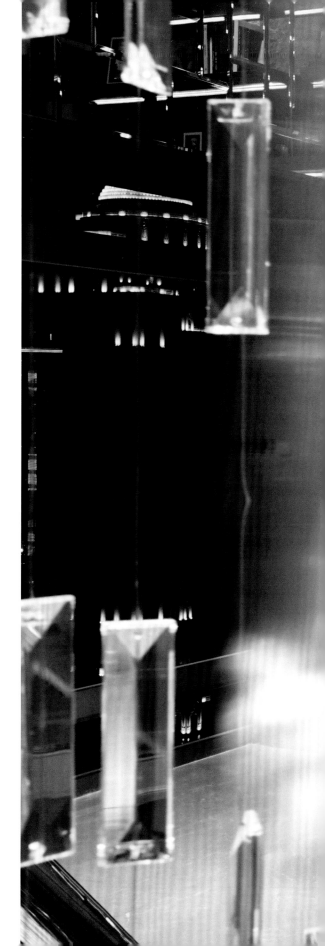

主题明确的艺术画作，与空间相得益彰

现今大宅餐厅已跃升为接待宾客的重点设计区域，功能层面包罗了各式奢华享受的规划，软装既要满足生活需求又要展现美感氛围。主墙上的大型画作可以说是整个餐厅的主轴，不但突显了业主性格，同时也是空间端景焦点。并延伸画作中的色彩及线条元素作为室内设计灵感，家具及主墙背景色彩同样呼应画作色彩，以暖灰色营造出宁静优雅的氛围。餐厅布局以主墙作为中轴采用对称形式的配置手法，后方井然有序的红酒展示墙在光氛的配合下俨然成为最美的衬托背景，中央置入餐桌满足业主宴客聚餐的需求，每位用餐人士都能欣赏到主人的精心作品，提升了用餐与品酒情调，餐桌上的植栽在理性的灰色调中带来令人愉悦的鲜活气息。

织品植栽，异国风情营造意境

　　业主期待将度假氛围带入沐浴时光，因此将印度尼西亚巴厘岛的元素注入空间，由于当地崇尚自然，故大多采用天然材质布置空间，这里将深色调与浅色调交替运用，搭配质朴的材质及棉麻织品等，并导入充足的自然光线，SPA泡澡池搭配海洋色马赛克铺底，制造置身海洋般的湛蓝印象。软装布置呼应空间风格将户外绿意带入，植栽是最不能缺少的要素，以白水木盆景当前景，横向伸展的姿态拉长了景深，提升了大自然般的悠然气氛。当地用来防蚊的布幔也是特色之一，中景以拉高悬挂手法布置白色布幔，营造轻柔飘逸的浪漫气息，仿佛置身海边感受凉风徐徐吹来的惬意。后方以洗台与浴缸设备呈现空间软性与硬性材质层次，当中再以香氛蜡烛作为联结景深的最佳配角。

色彩搭配
突显设计品位

　　绝大多数的设计师习惯使用中性色来铺设空间，也就是近似大自然的色彩，像是驼色系、杏仁色系等，其中米白色系是最常使用的颜色，这些都是安全不易出错的色彩，但缺乏独特个性。"安全"的颜色给人心理上的安定感，使用在空间中不容易出错，不过对设计师来说，如果想将空间当作一件展现创意的作品，不妨以创新思维采用一些大胆的色彩，不但对自己是项挑战，也能让业主跳出对空间的既定看法，空间也会更加有趣。慢慢大胆尝试不同的色彩，对色彩的把握就会愈来愈精准。需要强调的是，设计师为业主打造空间，一定要了解对方喜好，利用色彩的格调和创意去提升业主对空间的期待，这是最重要的事之一。

　　色彩和灯光是在室内陈设手法中相对较为平价的元素，只要稍微变换就能呈现崭新的空间风貌。这里的"平价"指的不是价格便宜，而是设计师借由过往累积的经验和技巧加上审美观，能用最简单的元素呈现最好的效果。但质感是触觉上的感受体验，这不是用漆就能轻易呈现的，但现在有特殊漆料可演绎痕迹、纹理等，传递例如日本侘寂美学那种追求不完美的质地之美，借以提升空间的艺术层级。

掌握比例，点睛之美

颜色在空间所占的比例很微妙，但颜色比例是什么？喜欢灰色难道就不能加入别的颜色吗？确定了空间主色调后，副色调的比例就不能过高才能创造焦点。比如说业主喜欢黑白色，那么黑色占 80%、白色占 20%，就能创造非常强烈的空间感，反过来亦然，黑色占 10%、白色占 90%，空间则显得简洁利落。调配空间色彩比例的时候，套用空间配色的黄金比例 6：3：1，用占比最大的墙壁营造出空间格调，再与家具家饰和地面调和搭配，基本上一个空间不超过 3 个主色，但这也并非绝对，只要精准掌握颜色比例同样能展现出色的空间个性。

微调色阶，搭配和谐

颜色之间要相互衬托才能突显出各自的美感，例如古铜色搭配黑色就是天作之合，但一般人忌讳采用对比配色，就拿红色和绿色来说，如果用莫兰迪色系去调配这两个颜色，不同明度的绿色和红色搭配就显得优雅柔美。就色彩学来说，没有绝对不能相搭的颜色，问题不是颜色本身，而是搭配时要适时调整明度、彩度和比例，然后与家具材质协调出一致性的色彩格调，再增添花艺及画作等雕琢出空间的细腻质感。

材质纹理，突显空间的雍容华贵

　　卫浴虽然并非最受瞩目的空间，却是可以从细节处看出业主生活层次及个性品位的地方，而大理石是最受大宅业主喜爱的材料，其丰富的天然纹理、浅色或者深色等色调皆能营造出雍容氛围。强调奢华风格的卫浴，并未用繁复的装饰来展现华丽，而是运用大理石、木质等材质和黑色、白色、金色来表现，黑色稳重、白色纯净、金色奢华，三种不同个性的颜色交织出高贵气质。整体以明亮的白色突显卫浴应有的明亮洁净，同时分别在壁面及盥洗台面选择黑色、白色两种大理石纹搭配，利用不同维度立面创造更为丰富的层次感。以黑色线条勾勒镜面边缘，与之对比的白色描绘大方不失稳重的质感，带有金属光泽的金色吊灯有着画龙点睛的效果，增强了奢华稳重的大宅气势。

冲突色调，突显独一品位

简约的空间里摆放美式与极具工业感的家具，鲜明的家具色彩与寂静氛围融为一体，打造出现代奢华的空间格调。虽然空间偏向美式与工业风的混搭风格，却又希望视觉上产生更多想象画面，因此空间色调以自然矿物为主题，连绵的灰色调谱出诗意的基底，再运用多元色彩的堆叠创造空间的故事性及时间感。整体以撷取大自然的色彩概念作为创意，如穹苍的天光、湿润的泥土、沉寂的矿石等色调，都是以人的舒适感为主而不过度刺激的自然色，营造出平实与安静的氛围。在沉稳的底色上大胆地使用跳跃性的红、蓝、绿等色彩，重点使用在软装与饰品上，创造出彩度上的反差，最后点缀植栽的绿意，为空间提供湿润香气，没有过多复杂的色彩，以突显空间主题色调的品位。

黑白对比，几何造型平衡视感

　　偏重于放松休憩的卧室空间，需要静谧、温暖的环境，合理的配色更有利于睡眠氛围的营造。以星辰作为卧室色彩主题，铺设经典的黑白灰，传递夜空给人的优雅、神秘又安静的感觉，同时展现时尚雅皮的风范。运用室内设计配色黄金比例原则，并维持 3 种颜色，占比最大的墙面采用白色作为主色，较深沉的黑色和灰色则适当地运用在抱枕、披毯等物品上，巧妙平衡整体色感，让卧室不会过于冰冷。白色空间固然给人洁净简约的感觉，但注重生活品质、喜欢多变风格的业主，希望把房间打造得更有设计感，同时避免时间久了造成单调、乏味的感觉，因此在以现代风格为主轴的空间里给予几何造型点缀，三角的对称结构纹理隐约呈现于背墙，平稳地协调了空间视感，看似简单的房间其实饶有趣味。

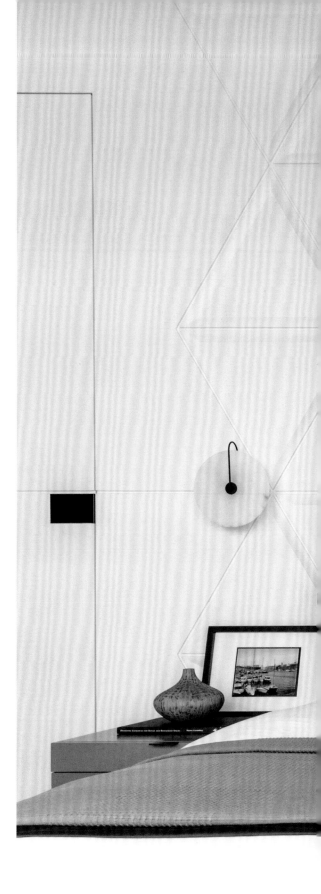

第 10 章

打破风格再融合

蒙太奇的设计手法是变换空间风格常运用的方式。如何将不同时空融合在同一个空间？那就要巧妙地微调每个空间元素，才能跳出既定的风格框架，呈现令人耳目一新的空间样貌。

古典风格讲究的是一种对称的奢华，观看所有古典设计的配置，无论是建筑还是平面，皆是以中轴线为基准，在轴线左右两侧采用绝对对称的设计，从欧洲教堂建筑就可以明白古典对称的精神，要先理解古典风格的设计原则才能创造所谓的奢华。我们要去思考，为什么这些风格能历久不衰，持续被人欣赏，其中有其与众不同的地方。

打破风格再融合的关键在于对风格基本原则的掌握，运用蒙太奇的设计手法就能够表现这样的空间氛围，通过剪辑、拼贴或者隐喻，让空间看起来有东方、西方或者现代的感觉，除了选择色调上会有些区别，摆设家具时也要遵循不同风格的摆放习惯。这样的空间作品往往蕴含着"东方蒙太奇"的设计哲学，不仅要达到"让外国人看了觉得很东方，让中国人看了觉得很西方"的效果，也要让年长的人觉得很怀旧，让年轻人觉得很时尚，这是一种东方、西方共处的融合，也是新旧的交融，同时在怀旧的古典里看到了现代时尚。

时尚是一种流行的东西，也是当代很重要的一件事情，不管是音乐、艺术还是服装等，都与时尚脱离不了关系，但运用的时候不要把当今的时尚元素一股脑儿全部加入，这样年长者就看不到所谓的怀旧，又失去了东西方平衡的感觉，所以说蒙太奇是一种风格理念的融合。

风格越简约设计越困难，简约里面还要表达设计感和实用价值，甚至要表达人与人、人与空间、人与环境的关系，相较之下设计已经有固定模式的古典风格运用起来要简单得多。我们看现代艺术或设计，要用极简的方式诠释设计，比例的收放非常重要，正如现代主义建筑大师密斯·凡·德·罗（Ludwig Mies Van der Rohe）所说"少即是多"，设计越是简约越是要注重比例细节。

当代设计则多了一点创意在里面，它是传达个人当下思维理念的现在进行式，正因为如此，风格呈现上更要有所突破。当代风格不同于古典风格有既定的规则可循，但要运用当代思维打造古典风格就要增添一些艺术性，蒙太奇手法创造了一种可循的设计方向，让设计师操作跨领域风格能够游刃有余。

古典对称的奢华

起源于欧洲皇室宫廷的古典风格，重视空间的装饰线条与比例，并在感性的艺术思维中以理性观点建立严谨的设计精神，从格局、装饰到家具的对称形式，为空间带来平衡和谐的秩序感，赋予大宅庄重优雅的气势，细节处以线板勾勒堆叠层次，繁复华美的图腾将古典美学的精髓演绎到极致。

古典风格只是一个统称，可分为巴洛克、洛可可、新古典主义与艺术装饰（Art Deco）等风格，每个时期都有各自的风格特色及对美的诠释，真要追究单一年代的表现，必须对那个时期的文化艺术有深入的研究与精准的掌握，同时具备美感素养才能打造华而不俗的古典空间。展现大气雍容的空间感是古典风格在大宅设计方面描绘的重点，入口玄关及廊道以古典式的门斗打造渐进式的动线设计，达到延展景深开阔视野的效果，同时作为联结空间重要的过渡区域。

具有历史背景的古典风格延续到现代，空间表现上仍要遵循对称原则及掌握比例，若没有纵观全局把控格局，仅以材质华丽、细节烦琐的家具堆砌而成，只是空有表象毫无灵魂可言，且跟随时代演化，必须以更简约的方式展现契合当代精神的古典风华。

家饰织品描绘空间细节

家饰织品在古典风格中扮演着描绘细节的重要角色，延续古典风格的特色，无论做工还是图纹都相当繁复华丽。家饰织品的质感及图纹是决定品位的关键，挑选上一定要特别留心其与空间的关系，搭配得宜才能营造丰富奢华的视感。

水晶灯饰凝聚光影层次

灯光是烘托空间氛围的重要元素，水晶灯饰更是古典风格不可或缺的角色，通过光影的折射，闪烁的水晶辉映出空间的华丽感，而演进至今，现代古典风格在配置壁灯时其线条造型可以简洁，但仍要讲究对称，才能保有古典风格的根本精神。

家具布置展现空间气势

除了强调严谨对称的空间格局，同样要借由沙发、餐桌椅等家具带出层次，传统古典风格空间感较为沉稳，现代古典风格就不需拘泥于形式，利用家具造型、线条及摆放方式表现稳重大气，并留意整体空间的协调感，呈现较为时尚的古典气息。

材质与色彩营造典雅气息

材质决定古典风格的华丽程度，大理石、金银箔、镜面与金属等元素，都是能表现出雍容华美气息的材质。传统古典风格色彩较为浓郁厚重，选择鲜明明亮的颜色则能营造出具有现代感的空间氛围。

细节处坚持完美对称的古典风格，长廊成列壁灯展现豪华气势，廊道在尽头设计端景形成自然的景深。

现代古典的优雅

　　空间以浓郁的欧式古典风格为主轴，设计追求心灵上的自然归属感，给人一种划时代的艺术气息。整体设计严格掌握古典风格原则，撷取数个世纪传统古典精髓里的美感与线条雕琢打造。布局上以中轴线的对称形式，打造出恢宏气势，宛如宫廷的廊道，序列灯饰照映层层造型拱门，留下光影堆叠出金碧辉煌的浪漫印象。在细腻雕琢的大厅细节上铺设优雅清新的色彩，辅以华丽绒质织品搭配，传递出典雅中带华丽的气质。配合挑高建筑的气势，建构展现大气与功能兼备的空间，运用雅致又强烈的视觉设计，将现代与古典在空间中进行完美融合。

公共设施：1600 平方米，材料为石材、玻璃纤维强化石膏板、石膏合成塑型、不锈钢

壁炉是体现古典风格对称平衡的关键，营造出宁静居家的核心和感性之地。

♦ **壮阔美感**

　　敞阔的迎宾大厅以宫廷式雕刻石柱体带出挑高建筑的华丽气势，承载了古典风格以客为尊的迎宾之道。

♦ **点亮华丽**

　　绚烂的水晶灯成为巩固大厅尺度的重心，与柱体对称装饰的壁灯呼应，展现欧式古典风格的磅礴印象。

现代比例的奢华

追求简约精敛的现代风格设计难度不亚于古典风格，因为已经有既定模式的古典风格，只要依照基本的原则及流程操作，就可以描绘出应有的风格样貌。但现代风格完全不同，运用简约的线条表现设计质感，同时呈现出人与人、人与空间、人与环境的关系并不是一件简单的事。以简单的方式诠释奢华的设计风格，关键在于运用比例造就美感，空间的尺度、距离、色调……无一不需要留意比例的拿捏。

画家赵无极说过："当我们在观看一幅画的时候，让我们觉得很轻松，确是画家用尽心力的创作，这幅画就是名画。"这句话同样能用来体现空间设计的概念，若是设计师在空间无尽地堆叠设计、家具、陈设反而丧失应有的美感，但如果能精准地掌握摆放的比例，即使运用极少的东西也可以营造感动人心的空间。

密斯·凡·德·罗提出的建筑设计哲学，认为少不是空白而是精简，多不是拥挤而是完美和开放的空间，传递出现代设计的精髓。而"少即是多"也表露出中国传统美学与哲学意境，国画最有美感的地方往往不是笔墨落下的山水，而是画面中大片留白之处。就像是一道安静且没有任何东西的墙面，通过颜色或者阳光洒入的比例，呈现完全不同的表情，唯有掌握细微之处的比例才能呈现恰当的空间风格。

纯粹色感统整空间视觉

现代风格讲究减法设计，大面积运用单一材质，色感处理上也强调单一主色铺设整体空间，造就一种完整体的震撼感，采用纹理较简约的材质及明度较高的浅色调，让通过漫射的日光产生明亮简洁的空间感。

清透材质建构空间个性

给人利落质感的金属、玻璃等材质能表现明快前卫的现代风格，适时地注入一些原木、混凝土及石材等材质，则能变化出另一番风格，但同样要留意配置比例的原则，维持现代风格的一致格调。

解放规则赋予空间自由

现代风格开放空间自身在艺术概念上的想象，不过分强调特定风格格调，让居住者自然而然参与空间环境的互动，因此通过缜密的规划高度整合空间，使得视线与动线穿透延展，让居住者成为主导空间的生活创作者。

经典之作展现生活质感

正因为现代风格简约的空间设计，更需要家具展现空间特色，搭配选择上更要用心着墨，大师经典家具本身就有展示性，挑选单件作品轻点空间适宜的为视觉留白，将焦点集中在设计家具上，展现个人生活品位。

从艺术画作中延伸出空间色彩格调，用浑然天成的画面打造经典永恒的现代美感。

无私的爱

男主人是一位新锐艺术家，家中摆放的几何画作全都出自他之手，空间延伸画作的基调以黑、灰、白描绘，并熟稔地将低饱和及暖棕色等东方传统色彩点缀其中，为空间勾勒出宁静雅致的现代美感。空间要兼顾孩子成长的需求及尊重长辈生活起居的节奏，格局配置上便依据需求推敲设计，确保空间尺度及功能完全满足大家族的生活所需。

公共空间运用铁件玻璃拉门扩大视野，也创造推移与虚实对比的画面感，男主人在工作室作画时，家人的生活动态在敞开空间里一览无遗。主卧室采用饭店式设计，卫浴使用了白色银狐及圣罗兰黑金石材，黑白对比呈现高贵雅致气氛。厨房是全家最常使用的区域，大尺度中岛营造与家人亲密互动的时光，白色大理石搭配黑色木皮在视觉上更显轻盈。整体空间以柔和优雅的色调铺设，精致高雅的材质雕琢细节。呼应空间的核心画作，实现创造和谐居室氛围的诺言。

住宅：627 平方米，六室四厅，材料为石材、铁件、复合式木地板、钢化玻璃

厨房中岛增加平台设计，满足聚会时与亲友互动的需要，简约石材纹理则呈现低奢的现代感。

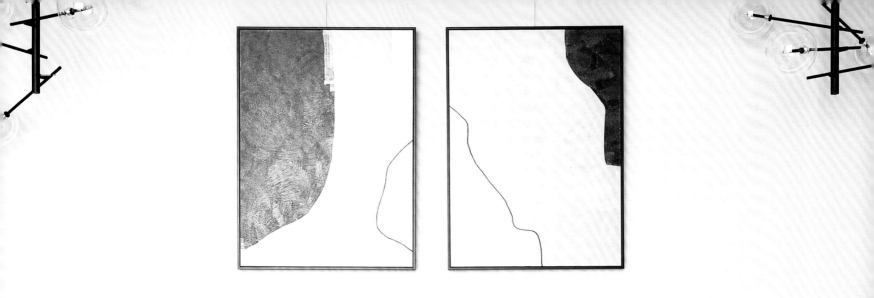

◆　融合冲击

简约线条融入古典风格的空间中，同时
加入铁件、玻璃等现代材质，呈现另一种新
古典、新现代的风格。

◆　舒心淡雅

私人空间以柔和的色调带入暖心淡雅的
气质，让业主在忙碌的生活步调中，感受到
颜色及质感所带来的抚慰人心的力量。

西方优雅的奢华

这里所讲的西方风格不一定是古典风格，也并非传统制式化的西方格调，而是一种生活习性，是融入他们生活模式、喜好、习惯与空间关系的一种设计，是将西方气质注入现代时尚，融合而成优雅细腻的空间氛围，进而体现出奢华的生活态度。

西方建筑领域很早就以理性的科学方式建构空间，蒙太奇设计就是以西方科技为架构，重新组构东方深厚的文化底蕴，将传统文化以更符合现代的手法诠释到建筑与空间之中，这样的设计融合东方哲学思想与西方哲学理论，赋予环境新的内涵，展现更符合现代的生活模式。

无论哪种空间格调，从室内设计的整体规划到美学装饰的陈设布置，通过蒙太奇的美学意识去拆解、分析东方与西方精髓，也将西方流行元素融入日常生活形态之中，并对其进行转化与延伸，为空间使用者塑造当代都会美学。

几何线条建构空间特色

打破传统的空间配置概念，在视觉形态上以削减繁复东西方造型为基础概念，解构、延伸和流转空间结构，形成单纯几何线条来切割空间，通过适当的比例配置带出空间的流动感，构成具有艺术性的空间效果，营造更有深度的品位层次。

艺术灯饰点亮空间焦点

照明色温 2700K 的光源可以营造温暖却不失精致的氛围，安排间接灯光从天花板或柜体向下漫射，让光线变得柔和均匀。在重点空间搭配造型鲜明的吊灯或立灯，使其成为空间焦点，以打造时尚、大气的效果。若是照明搭配电子家园（E-HOME）系统控制，可以为不同区域提供多种情境，营造出多变的居室氛围。

对称形式表现空间秩序

利用客厅、餐厅等公共区域家具作为视觉焦点，以古典风格对称方式摆放，找出空间中心点进行布局，在注重装饰效果的同时，结合现代的流行手法融入古典气质，展现大宅和谐的秩序美感，同时展现当代时尚格调。

低奢色调渲染空间气质

空间以自然色的中性色调铺设作为主色调进行规划，搭配沉稳的深色调作为辅助，材质呼应色彩格调形成和谐的空间氛围。建议选择现代艺术画作布置，让居住者在享受物质生活的同时也能得到精神上的慰藉。

空间呈现一种收放自如的境界，快慢动静之中节奏自明，看似无为，实质感受到的是空间里浓重的简约气息。

感受生活

　　循序、蜿蜒、简练、质美是本案的设计精髓，为原本只是钢筋混凝土的住宅注入更多生活内容与想象空间。真正的奢华是拥有对生活的绝对支配，因此设计从人的角度出发，以空间减法整合结构与功能，结合业主的品位与喜好，置入丰富的生活体验，在享受广阔尺度空间的同时，让人的情绪获得多方面的释放。楼层随生活功能循序安排，垂直动线在造型与线条交会后流露蜿蜒的美感，同时呈现简洁利落的质感。下潜式的设计为客厅带来个性与休闲的感觉，循着回旋楼梯拾级而上，从公共空间到私人空间，进入男主人专属的视听空间，随即映入眼帘的是以美国"枪炮与玫瑰乐队"（Guns N' Roses）作为联想的主题墙面，借音乐之名，实现对空间的所有梦想。通过缜密的布局设计，使人与空间建立了新的关系，音乐与艺术的导入更赋予了空间个性与时尚的面貌，感受到的是一种富有当代奢华的创意生活。

住宅：720 平方米，五室四厅，材料为石材、艺术矿物物料、烤漆铁件、超耐磨木地板、仿旧木纹砖

在传统与现代、东方与西方之间，折射出一种当代的雅致氛围，这是一种美感的巧妙平衡。

◆ 下沉延伸

　　下潜式的沙发设计结合挑空，为客厅展开绝佳的视野尺度，弧形的收藏柜与吊灯营造出剧场般的戏剧效果，展现国际化的多元美学空间。

◆ 采光引景

　　每个角落在光影挪移之间，都能感受到时间的
流逝与生活的精彩。书房以纹理鲜明的材质及蓝、
灰等中性色调承载主人的涵养、品位与经历，以及
内心深处发出的对美好生活的热爱。

♦ **缜密布局**

　　空间的开放性与延续性是设计过程中思考的重点，垂直动线创造了丰富的视觉变化，让生活在其中的每个人可以在移动中思考，也可以在空间中自在地漫步。

◆ 微妙平衡

去除了张扬与炫耀式的符号，简洁而利落的金属线条展现优雅贵气，大块面的石材与温润木质形成和谐对比，软装配置的色调比例安排得恰当而舒适。

东方人文的奢华

蒙太奇的空间中隐约传递出东方美学韵味，而且是以"素朴而华美"的设计风格来诠释新东方人文情怀，这样看似冲突的风格是借由粗犷与精致材质的交融、沉稳与轻快色调的和谐搭配而成，并且以工艺手法将东方美以符合当代生活的实际需求层面来设计与实践，因此蒙太奇的设计手法也是一种生活哲学，在东方特有的人文气质与涵养之中，融合西方时尚简约的精神。

当我们在形容西方"优雅"时，概念上讲的就是"人文"，这其中包含着流传千年的文化底蕴，在创作东方格调的时候会将"优雅"和"人文"的概念互相融合去安排空间，让空间既富含文化性又能表达独特的格调。

蒙太奇设计中所提出的"心治愈"讲的就是"五美"——"慢、静、善、简、雅"，是一种新的生活态度。"心治愈"是从自由的思维出发，将经典设计中所提炼出的元素以东方形式表达，这当中结合古典中式的意象，并以现代的装饰手法拼贴剪辑，让传统文化与现代风格产生碰撞，呈现亦古亦今、适合当代的生活方式与空间氛围。

无论是传统空间的更新再利用，还是将既定文化融入新空间，作为空间规划者，必须从丰富又庞杂的传统文化中汲取、提炼出可以被物质化、空间化的元素，再把它们重组、放置到新的功能空间载体之中。就像是进行翻译的工作，把传统文化转译成适合现代空间的语言，使它们通过一种气氛表达出来，被空间使用者接收、理解及感受。

简敛家具交汇东西方文化

打造蒙太奇式的东方风格，在家具的挑选上可以选择较现代的造型，明式家具以简洁的线条将中国悠久的文化融入其中，也是十分推荐搭配的家具。配置时以构图的概念重点式地点缀在空间之中，就是一种东方人文的表现。

自然材质传递东方韵味

使用带有温润气息的陶、石、木、竹等自然元素，能传递出东方文化雅致内敛的人文内涵，搭配比例上可以适度地交错运用一些铁件、皮革或者塑料等现代材质进行混搭，与空间的装修做东方意象的堆叠，呈现当代文化交融的空间美学。

东方艺术品留白美学

选择瓷器、陶艺、字画等具有中国文化内涵的艺术品布置空间时，以一种东方留白的美学观念控制节奏轻点缀饰，或者以主题方式置入在主景部分彰显空间的大气风范，搭配一些造景植栽打造空间的山水景色。

宁静光氛流泄如诗空间

采用色温较高的黄光较能营造带有东方人文沉静的空间氛围，并且利用间接灯光强化空间线条，达到深邃的立体层次效果，搭配投射灯可使艺术品或软装更具有视觉的张力。

运用现代的简约手法，细腻地注入东方
人文质感，在多元材质的精彩交织下，设计
出富含艺术品位的高端大宅。

阅读生活，生活阅读

　　以独创的蒙太奇手法打造空间，将当代西方建筑的高端技术注入经过淬炼简化的东方风格之中。在浓缩的东方艺术与西方建筑工艺细节之中，汇聚东西方大宅设计的家居文化与对于空间功能的所有向往。空间就像是一个经过雕琢的艺术品，散发由内而外的动人气质，居住者行走在其中，设计的精神与力量通过从建筑与环境围绕着居住者延展开来，超越量身打造的境界，不但可以在空间中阅读生活的轨迹，也能在生活中阅读世界的脉动，领略人与环境的融合。空间不只是风格让人惊艳，更有无与伦比的气度与功能，创造一种当代东西方美学完美融入的和谐之境。在建筑与非建筑、空间与设计之间跨界，在人与人之间创造感动，向世界展示一种崭新的形象。

会所：1700 平方米，六室七厅，材料为石材、木皮、铁件、玻璃、定制木地板

顶楼图书典藏馆从美术馆的空间概念萌生想法，挑高处理可摆放大量藏书，满足主人收藏与展示需求。

沉稳脱俗

色彩及质感带出高端生活的品位与人文气息，突破材质给人的既定印象，加入不同工艺手法或保留材质原始模样，糅合东方低调温婉之美。

光和感知

结合休憩与会客的空间，通过设计与材质产生绵密对话，自然光与水雾壁炉的气氛光源交织出丰富光影变化，彰显大宅尊贵的个性。

◆ 对称设计

轴线对称的空间布置，将天圆地方、穿透、借景等东方元素融入设计中。

◆ 各异其趣

男女主人有各自的生活习惯，主卧室根据不同的使用需求单独配备男女主人的更衣、卫浴空间，并且分别附设书房、大型化妆间等，再经由动线的规划打造独立又融合的生活模式。

展现张力的设计

当代设计强调一种所谓个性化的设计，是一种跳出古典和现代的设计，以与众不同的理念在进行创作，注重居住者的自我表现，面对这个"自我"，设计者要如何去挖掘？挖掘后又要如何以震撼人心的展演张力去表现，甚至触动内在深层的感受？这考验着设计者的能力。当设计打破东方与西方的藩篱，在当代被重新建立起独特的个性时，就是一种当代张力的奢华表现。

从字面上的意思来看，"当代"就是现在进行式，是当下时空里正发生的人、事、物。经过时间的融合，现在的生活早已与东西方文化密不可分，就拿当代艺术来看，无法轻易为这些艺术家诠释到底是东方风格还是西方格调，艺术家只是借由艺术很自然地表现当下人和生活习性的关系，其他像是设计、建筑甚至音乐也是一样的道理。

当代张力的奢华是以设计师个人的观点去创作，不一定要遵循特定法则，而运用蒙太奇的方法去呈现空间体量，比较容易有方向可以依循，用剪接、片段及借景等方式，在不违和的情况下古典元素也可以融入当代风格，甚至用老子在《道德经》所说"大象无形"的方式去表现气象万千的面貌和场景才是最重要的。

流转动线重塑空间体验

以动线的变化重新定义空间，可以突破既定的结构限制，重新塑造空间的连续性与延展性，将穿透与转折都安排在空间中，打破所有既定的逻辑，让空间与空间、空间与人之间有更多自主性和随性，创造出具有想象力的居住空间。

设计反映生活态度

运用蒙太奇的设计手法让看似对立的观点或概念并存，改变不可能而创造出更多的可能，以一种崭新且细腻的手法，让家成为一种生活态度的反映，将艺术与日常交融，使空间不再只具备住的功能，而进化为一个接纳人与人之间关系的场所。

前卫艺术深化空间质感

让空间与艺术产生关系是当代张力的奢华的必要条件，将艺廊、博物馆的概念置入空间，不必刻意拘泥于艺术形式，摆放能呼应空间尺度的大型雕塑或巨幅画作等当代艺术品，利用艺术本身的力量创造出一种戏剧化的聚焦效果。

植栽绿意滋养空间气息

将当代科技与植物融入延展空间的深度，增添生态植物墙、庭园造景、花艺等布置，结合流动的水营造自然的气息，绿意环境不但具有减压的效果，也使家充满勃勃生气与写意，赋予空间一种科技与生态融合的当代美感。

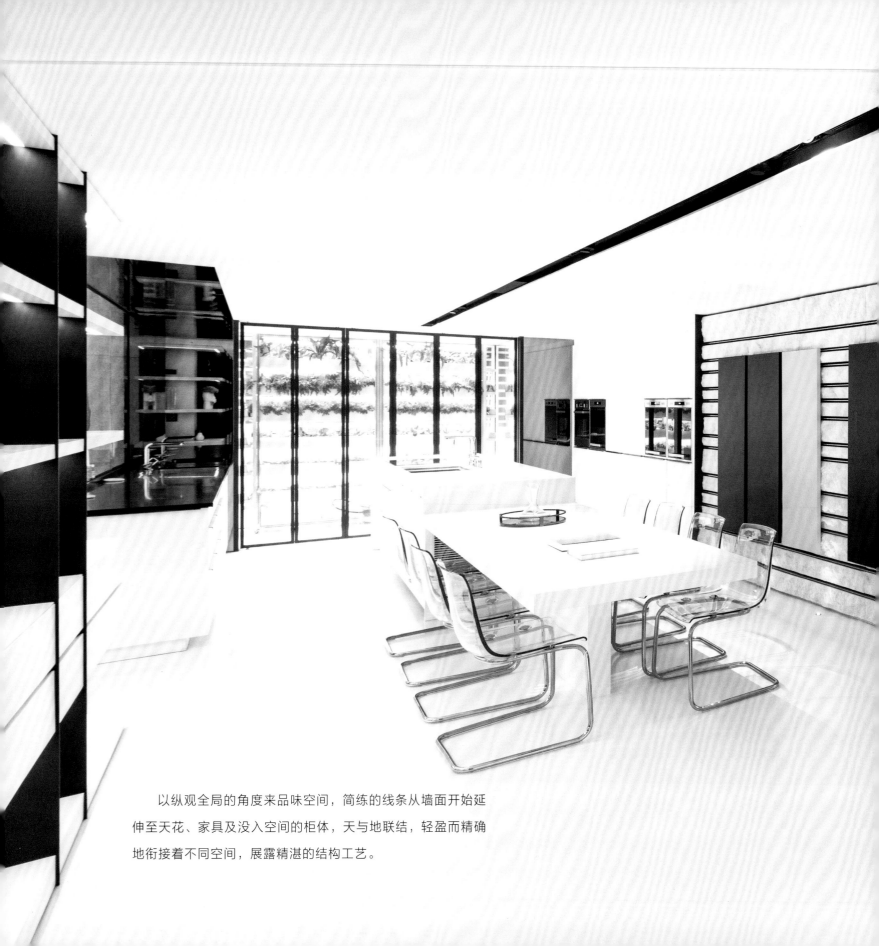

以纵观全局的角度来品味空间，简练的线条从墙面开始延
伸至天花、家具及没入空间的柜体，天与地联结，轻盈而精确
地衔接着不同空间，展露精湛的结构工艺。

空间表现

穿透里面，还有穿透；结构里面，还有结构；是布局，也是转折；是层次，也是分隔；是出发点，也是节点；可以随时，更可以随性；以东西方文化的融合和数码科技的运用，崭新且细腻的设计手法，挑战普世的设计观点；越是不可能，就越能激发设计的可能。

天与地，顺着光的"浓淡"，以及色彩的转化与律动，产生有趣的延续，明暗有致地勾勒生活情境。布局，就在转折之中，在质感层次与功能融入刻意削弱强度的分隔里，随时可以连成一体，也可以随性做自己希望的隐藏或表达。一口气打破所有既定的逻辑，空间成了独立于时间外的小宇宙，这不仅仅是实验，更是一场想象力彻底爆发的体验。

简练的线条精确地衔接着不同空间，刻意延伸的天花板设计，展露精湛的结构工艺。玄关之处与客厅的创世纪相遇，在东西方文化的融合里表露天真良善的玩心。设计深入人与空间、时间，因而深刻领悟到：生活，就该这么处处新鲜；用心设计，会让人处处感动。

住宅：220 平方米，2 室 2 厅 1 健身房，材料为石材、铁件、硅酸钙板

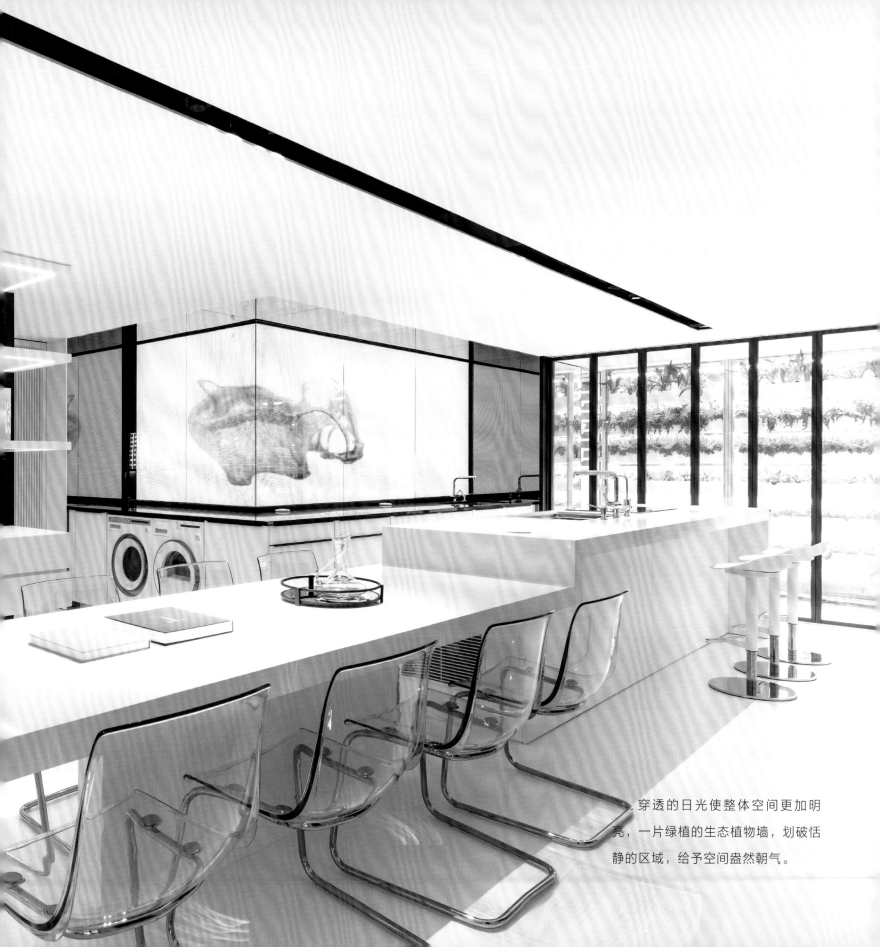

穿透的日光使整体空间更加明亮，一片绿植的生态植物墙，划破恬静的区域，给予空间盎然朝气。

起点与节点

　　玄关与客厅的相遇，在东西方文化的融合里表露天真善良的玩心，形成富有动感的线条，震撼人心，极富想象力。

层次分隔

　　空间功能融入刻意削弱强度的墙面里，随时可以连成一体，也可以随性移动柜体，空间可以轻松放大或缩小，随性隐藏。

结构中的结构

　　打开部分建筑结构，探索空间的最大可能，刻意显露的减震器以色彩美化为衔接，绝美而独特的诙谐手法使之成为一种当代装置艺术。

穿透转折

　　从空间布局的手法来品味空间，感受到剔透质感，回字形的动线将安排在空间中的穿透与转折带入不同的质感层次，以有界限的存在来打破界限。